수학의 미래

초등 **6-2**

비아에듀
ViaEducation π

먼저 읽어보고 다양한 의견을 준 학생들 덕분에 『수학의 미래』가 세상에 나올 수 있었습니다.

강소을	서울공진초등학교	김대현	광명가림초등학교	김동혁	김포금빛초등학교
김지성	서울이수초등학교	김채윤	서울당산초등학교	김하율	김포금빛초등학교
박진서	서울북가좌초등학교	변예림	서울신용산초등학교	성민준	서울이수초등학교
심재민	서울하늘숲초등학교	오 현	서울청덕초등학교	유하영	일산 홈스쿨링
윤소윤	서울갈산초등학교	이보림	김포가현초등학교	이서현	서울경동초등학교
이소은	서울서강초등학교	이윤건	서울신도초등학교	이준석	서울이수초등학교
이하은	서울신용산초등학교	이호림	김포가현초등학교	장윤서	서울신용산초등학교
장윤수	서울보광초등학교	정초비	안양희성초등학교	천강혁	서울이수초등학교
최유현	고양동산초등학교	한보윤	서울신용산초등학교	한소윤	서울서강초등학교
황서영	서울대명초등학교				

그밖에 서울금산초등학교, 서울남산초등학교, 서울대광초등학교, 서울덕암초등학교,
서울목원초등학교, 서울서강초등학교, 서울은천초등학교, 서울자양초등학교,
세종온빛초등학교, 인천계양초등학교 학생 여러분께 감사드립니다.

1 '수학의 시대'에 필요한 진짜 수학

여러분은 새로운 시대에 살고 있습니다. 인류의 삶 전반에 큰 변화를 가져올 '제4차 산업혁명'의 시대 말입니다. 새로운 시대에는 시험 문제로만 만났던 '수학'이 우리 일상의 중심이 될 것입니다. 영국 총리 직속 연구위원회는 "수학이 인공 지능, 첨단 의학, 스마트 시티, 자율 주행 자동차, 항공 우주 등 제4차 산업혁명의 심장이 되었다. 21세기 산업은 수학이 좌우할 것"이라는 내용의 보고서를 발표하기도 했습니다. 여기서 말하는 '수학'은 주어진 문제를 풀고 답을 내는 수동적인 '수학'이 아닙니다. 이런 역할은 기계나 인공 지능이 더 잘합니다. 제4차 산업혁명에서 중요하게 말하는 수학은 일상에서 발생하는 여러 사건과 상황을 수학적으로 사고하고 수학 문제로 바꾸어 해결할 수 있는 능력, 즉 일상의 언어를 수학의 언어로 전환하는 능력입니다. 주어진 문제를 푸는 수동적 역할에서 벗어나 지식의 소유자, 능동적 발견자가 되어야 합니다.

『수학의 미래』는 미래에 필요한 수학적인 능력을 키워 줄 것입니다. 하나뿐인 정답을 찾는 것이 아니라 문제를 해결하는 다양한 생각을 끌어내고 새로운 문제를 만들 수 있는 능력을 말입니다. 물론 새 교육과정과 핵심 역량도 충실히 반영되어 있습니다.

2 학생의 자존감 향상과 성장을 돕는 책

수학 때문에 마음에 상처를 받은 경험이 누구에게나 있을 것입니다. 시험 성적에 자존심이 상하고, 너무 많은 훈련에 지치기도 하고, 하고 싶은 일이나 갖고 싶은 직업이 있는데 수학 점수가 가로막는 것 같아 수학이 미워지고 자신감을 잃기도 합니다.

이런 수학이 좋아지는 최고의 방법은 수학 개념을 연결하는 경험을 해 보는 것입니다. 개념과 개념을 연결하는 방법을 터득하는 순간 수학은 놀랄 만큼 재미있어집니다. 개념을 연결하지 않고 따로따로 공부하면 공부할 양이 많게 느껴지지만 새로운 개념을 이전 개념에 차근차근 연결해 나가면 머릿속에서 개념이 오히려 압축되는 것을 느낄 수 있습니다.

이전 개념과 연결하는 비결은 수학 개념을 친구나 부모님에게 설명하고 표현하는 것입니다. 이 과정을 통해 여러분 내면에 수학 개념이 차곡차곡 축적됩니다. 탄탄하게 개념을 쌓았으므로 어

떤 문제 앞에서도 당황하지 않고 해결할 수 있는 자신감이 생깁니다.

『수학의 미래』는 수학 개념을 외우고 문제를 푸는 단순한 학습서가 아닙니다. 여러분은 여기서 새로운 수학 개념을 발견하고 연결하는 주인공 역할을 해야 합니다. 그렇게 발견한 수학 개념을 주변 사람들에게나 자신에게 항상 소리 내어 설명할 수 있어야 합니다. 설명하는 표현학습을 통해 수학 지식은 선생님의 것이나 교과서 속에 있는 것이 아니라 여러분의 것이 됩니다. 자신의 것으로 소화하게 된다는 말이지요. 『수학의 미래』는 여러분이 수학적 역량을 키워 사회에 공헌할 수 있는 인격체로 성장할 수 있게 도와줄 것입니다.

3 스스로 수학을 발견하는 기쁨

수학 개념은 처음 공부할 때가 가장 중요합니다. 처음부터 남에게 배운 것은 자기 것으로 소화하기가 어렵습니다. 아직 소화하지도 못했는데 문제를 풀려 들면 공식을 억지로 암기할 수밖에 없습니다. 좋은 결과를 기대할 수 없지요.

『수학의 미래』는 누가 가르치는 책이 아닙니다. 자기 주도적으로 학습해야만 이 책의 목적을 달성할 수 있습니다. 전문가에게 빨리 배우는 것보다 조금은 미숙하고 늦더라도 혼자 힘으로 천천히 소화해 가는 것이 결과적으로는 더 빠릅니다. 친구와 함께할 수 있다면 더욱 좋고요.

『수학의 미래』는 예습용입니다. 학교 공부보다 2주 정도 먼저 이 책을 펼치고 스스로 할 수 있는 데까지 해냅니다. 너무 일찍 예습을 하면 실제로 배울 때는 기억이 사라져 별 효과가 없는 경우가 많습니다. 2주 정도의 기간을 가지고 한 단원을 천천히 예습할 때 가장 효과가 큽니다. 그리고 부족한 부분은 학교에서 배우며 보완합니다. 이 책을 가지고 예습하다 보면 의문점도 많이 생길 것입니다. 그 의문을 가지고 수업에 임하면 수업에 집중할 수 있고 확실히 깨닫게 되어 수학을 발견하는 기쁨을 누리게 될 것입니다.

전국수학교사모임 미래수학교과서팀을 대표하여
최수일 씀

복잡하고 어려워 보이는 수학이지만 개념의 연결고리를 찾을 수 있다면 쉽고 재미있게 접근할 수 있어요. 멋지고 튼튼한 집을 짓기 위해서 치밀한 설계도가 필요한 것처럼 여러분 머릿속에 수학의 개념이라는 큰 집이 자리 잡기 위해서는 체계적인 공부 설계가 필요하답니다. 개념이 어떻게 적용되고 연결되며 확장되는지 여러분 스스로 발견할 수 있도록 선생님들이 꼼꼼하게 설계했어요!

단원 시작

수학 학습을 시작하기 전에 무엇을 배울지 확인하고 나에게 맞는 공부 계획을 세워 보아요. 선생님들이 표준 일정을 제시해 주지만, 속도는 목표가 될 수 없습니다. 자신에게 맞는 공부 계획을 세우고, 실천해 보아요.

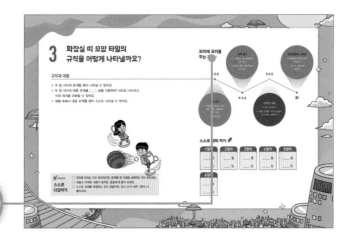

복습과 예습을 한눈에 확인해요!

기억하기

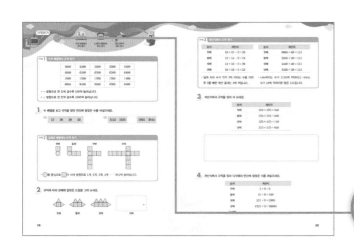

새로운 개념을 공부하기 전에 이전에 배웠던 '연결된 개념'을 꼭 확인해요. 아는 내용이라고 지나치지 말고 내가 제대로 이해했는지 확인해 보세요. 새로운 개념을 공부할 때마다 어떤 개념에서 나왔는지 확인하는 습관을 가져 보세요. 앞으로 공부할 내용들이 쉽게 느껴질 거예요.

배웠다고 만만하게 보면 안 돼요!

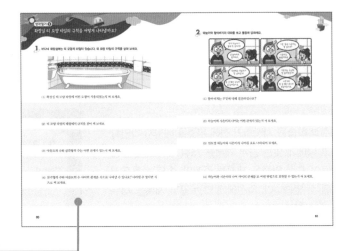

새로운 개념과 만나기 전에 탐구하고 생각해야 풀 수 있는 '열린 질문'으로 이루어져 있어요. 처음에는 생각해 내기 어려울 수 있지만 개념 연결과 추론을 통해 문제를 해결할 수 있다면 자신감이 두 배는 생길 거예요. 한 가지 정답이 아니라 다양한 생각, 자유로운 생각이 담긴 나만의 답을 써 보세요. 깊게 생각하는 힘, 수학적으로 생각하는 힘이 저절로 커져서 어떤 문제가 나와도 당황하지 않게 될 거예요.

내 생각을 자유롭게 써 보아요!

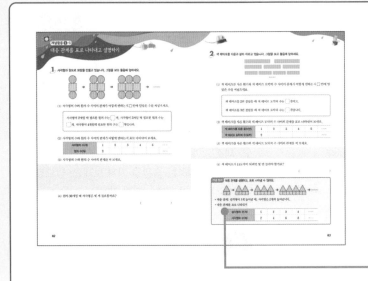

'생각열기'에서 나온 개념이나 정의 등을 한눈에 확인할 수 있게 정리했어요. 또한 개념이 적용된 다양한 예제를 통해 기본기를 다질 수 있어요. '생각열기'와 짝을 이루어 단원에서 배워야 할 주요한 개념과 원리를 알려 주어요.

개념의 핵심만 추렸어요!

표현하기·선생님 놀이

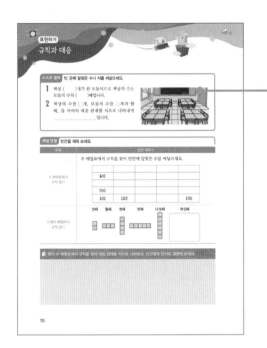

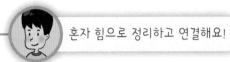

혼자 힘으로 정리하고 연결해요!

새로 배운 개념을 혼자 힘으로 정리하고, 관련된 이전 개념을 연결해요. 수학 개념은 모두 연결되어 있어서 그 연결고리를 찾아가다 보면 '아, 그렇구나!' 하는, 공부의 재미를 느끼는 순간이 찾아올 거예요.

친구나 부모님에게 설명해 보세요!

문제를 모두 풀었다고 해도 설명을 할 수 없으면 이해하지 못한 거예요. '선생님 놀이'에서 말로 설명을 하다 보면 내가 무엇을 모르는지, 어디서 실수했는지를 스스로 발견하고 대비할 수 있어요.

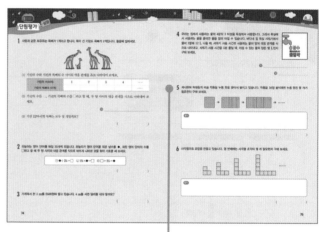

개념을 완벽히 이해했다면 실제 시험에 대비하여 문제를 풀어 보아요. 다양한 문제에 대처할 수 있도록 난이도와 문제의 형식에 따라 '기본'과 '심화'로 나누었어요. '기본'에서는 개념을 복습하고 확인해요. '심화'는 한 단계 나아간 문제로, 일상에서 벌어지는 다양한 상황이 문장제로 나와요. 생활 속에서 일어나는 상황을 수학적으로 이해하고 식으로 써서 답을 내는 과정을 거치다 보면 내가 왜 수학을 배우는지, 내 삶과 수학이 어떻게 연결되는지 알 수 있을 거예요.

문장제까지 해결하면 자신감이 쑥쑥!

『수학의 미래』는 혼자서 개념을 익히고 적용할 수 있도록 설계되었기 때문에 해설을 잘 활용해야 해요. 문제를 푼 후에 답과 해설을 확인하여 여러분의 생각과 비교하고 수정해보세요. 그리고 '선생님의 참견'에서는 선생님이 문제를 낸 의도를 친절하게 설명했어요. 의도를 알면 문제의 핵심을 알 수 있어서 쉽게 잊히지 않아요.

문제의 숨은 뜻을 꼭 확인해요!

차례

1 우유를 몇 개의 컵에 담을 수 있나요? 10
분수의 나눗셈

2 명주실로 매듭을 몇 개 만들 수 있나요? 32
소수의 나눗셈

3 어느 방향에서 보고 그린 그림일까요? 62
공간과 입체

4 다양한 크기의 태극기의 비율이 같은가요? 86
비례식과 비례배분

5 원의 넓이는 얼마쯤일까요? 114
원의 넓이

6 원기둥 모양의 과자 상자를 펼치면 136
어떤 모양이 되나요?
원기둥, 원뿔, 구

1 우유를 몇 개의 컵에 담을 수 있나요?

분수의 나눗셈

★ 자연수나 분수를 분수로 나누는 경우를 알아볼 수 있어요.
★ (자연수)÷(분수), (분수)÷(분수)를 계산하고 그 방법을 설명할 수 있어요.

☑ Check
**스스로
다짐하기**

☐ 정확하고 빠른 것이 중요하지만, 왜 그런지 답할 수 있어야 해요.
☐ 설명하는 글을 쓸 때 다른 사람이 읽고 이해할 수 있게 써 보세요.
☐ 배운 내용을 어디에 사용할 수 있을지 생각해 보세요.

꼬리에 꼬리를 무는 개념 ✦

분수의 나눗셈
- (자연수)÷(자연수)의 몫을 분수로 나타내기
- (분수)÷(자연수)의 몫을 분수로 나타내기
- (분수)÷(자연수)를 곱셈으로 나타내기

소수의 나눗셈
- (소수)÷(소수)의 계산하기
- 나눗셈의 몫을 반올림하여 나타내기
- 나누어 주고 남은 양 계산하기

5-2-2

6-2-1

분수의 곱셈
- (분수)×(자연수)의 계산하기
- (자연수)×(분수)의 계산하기
- (진분수)×(진분수)의 계산하기
- (분수)×(분수)의 계산하기

6-1-1

분수의 나눗셈
- (자연수)÷(분수)의 계산하기
- (분수)÷(분수)의 계산 원리 알아보고 계산하기

6-2-2

스스로 계획 짜기 ✏️

1일차	2일차	3일차	4일차	5일차
___월 ___일	___월 ___일	___월 ___일	___월 ___일	___월 ___일

6일차
___월 ___일

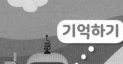

기억 1 (자연수)÷(자연수)의 몫을 분수로 나타내기

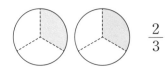

- 2÷3의 몫을 그림으로 나타내기

$$\frac{2}{3}$$

- (자연수)÷(자연수)의 몫을 분수로 나타내기

$$\blacktriangle \div \bullet = \frac{\blacktriangle}{\bullet}$$

 1 1÷7을 그림으로 나타내고, 몫을 분수로 나타내어 보세요.

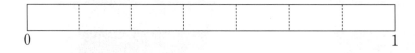

0   1

(   )

 2 나눗셈의 몫을 분수로 나타내어 보세요.

(1) 1÷3   (2) 5÷7

(3) 9÷2   (4) 23÷9

3 피자 2판을 4명이 똑같이 나누어 먹으려고 합니다. 한 사람이 먹을 피자의 양을 분수로 나타내어 보세요.

(   )

- $\dfrac{6}{7} \div 3$의 몫을 그림으로 나타내기

$$\frac{6}{7} \div 3 = \frac{6 \div 3}{7} = \frac{2}{7}$$

- (분수)÷(자연수) 계산하기

$$\frac{\blacktriangle}{\bullet} \div \blacksquare = \frac{\blacktriangle \div \blacksquare}{\bullet}$$

4 $\dfrac{6}{7} \div 2$를 그림으로 나타내고, ☐ 안에 알맞은 수를 써넣으세요.

$\dfrac{6}{7} \div 2 = \boxed{}$

5 계산해 보세요.

(1) $\dfrac{2}{3} \div 2$

(2) $\dfrac{10}{11} \div 5$

(3) $\dfrac{6}{5} \div 3$

(4) $\dfrac{14}{8} \div 7$

$$\frac{\blacktriangle}{\bullet} \div \blacksquare = \frac{\blacktriangle}{\bullet} \times \frac{1}{\blacksquare}$$

6 계산해 보세요.

(1) $\dfrac{2}{3} \div 4$

(2) $\dfrac{7}{5} \div 3$

(3) $\dfrac{9}{8} \div 2$

(4) $\dfrac{11}{9} \div 5$

우유를 몇 개의 컵에 담을 수 있나요?

1 바다는 빵 4개를 접시에 2개씩 나누어 담고, 우유 $\frac{4}{5}$ L를 컵에 $\frac{2}{5}$ L씩 나누어 담으려고 해요.

(1) 빵을 몇 개의 접시에 담을 수 있는지 구하는 식과 답을 써 보세요.

식 _____   답 _____

(2) 우유를 몇 개의 컵에 담을 수 있는지 구하는 식을 써 보세요.

(3) 우유를 몇 개의 컵에 담을 수 있는지 단위분수 또는 그림을 이용하여 계산해 보세요.

(4) '빵을 몇 개의 접시에 담을 수 있는지 구하는 방법'과 '우유를 몇 개의 컵에 담을 수 있는지 구하는 방법'의 공통점과 차이점을 써 보세요.

공통점

차이점

2 산이는 쿠키 6개를 접시에 1개씩 나누어 담고, 주스 $\frac{3}{5}$ L를 컵에 $\frac{1}{10}$ L씩 나누어 담으려고 해요.

(1) 쿠키를 몇 개의 접시에 담을 수 있는지 구하는 식과 답을 써 보세요.

 식 _____ 답 _____

(2) 주스를 몇 개의 컵에 담을 수 있는지 구하는 식을 써 보세요.

(3) 산이가 주스를 몇 개의 컵에 담을 수 있는지 구한 결과가 맞는지 틀린지 알아보고 그렇게 생각한 이유를 써 보세요. 또 계산 결과가 틀렸다면 바르게 계산해 보세요.

 $\frac{3}{5}$ L는 단위분수 $\frac{1}{5}$이 3개, $\frac{1}{10}$ L는 단위분수 $\frac{1}{10}$이 1개야.
따라서 $\frac{3}{5} \div \frac{1}{10}$을 계산하면 $\frac{3}{5} \div \frac{1}{10} = 3 \div 1 = 3$이야.

> 산이의 계산 결과는 (맞습니다 , 틀립니다).
>
> **이유**
>
>
> **바르게 계산**

(4) '쿠키를 몇 개의 접시에 담을 수 있는지 구하는 방법'과 '주스를 몇 개의 컵에 담을 수 있는지 구하는 방법'의 공통점과 차이점을 써 보세요.

> **공통점**
>
>
> **차이점**

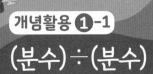

(분수)÷(분수)

 길이가 $\frac{6}{7}$ m인 색 테이프를 한 사람에게 $\frac{2}{7}$ m씩 나누어 주려고 해요.

(1) 색 테이프를 몇 명에게 나누어 줄 수 있는지 구하는 식을 써 보세요.

(2) 단위분수를 이용하여 $\frac{6}{7} \div \frac{2}{7}$ 를 계산하는 방법을 설명해 보세요.

(3) 6÷2를 그림을 이용하여 구할 때 ☐ 안에 알맞은 수를 써넣으세요.

6÷2는 6에서 2를 ☐번 덜어 낼 수 있다는 의미입니다.

따라서 6÷2=☐입니다.

(4) $\frac{6}{7} \div \frac{2}{7}$ 와 6÷2의 계산 방법을 비교해 보세요.

2 강이는 설탕 $\frac{5}{7}$ kg을 설탕 $\frac{1}{3}$ kg이 가득 차는 컵에 나누어 담으려고 합니다. 물음에 답하세요.

(1) 설탕은 컵의 얼마만큼을 채울 수 있는지 구하는 식을 써 보세요.

(2) (1)의 식을 계산하고, 그 과정을 설명해 보세요.

(3) 분모가 다른 분수의 나눗셈을 계산하는 방법을 정리해 보세요.

개념 정리 (분수)÷(분수) 계산하기

• 분모가 같은 (분수)÷(분수)

분자끼리 나누어 계산합니다.

$$\frac{6}{8} \div \frac{2}{8} = 6 \div 2 = \frac{6}{2} = 3$$

• 분모가 다른 (분수)÷(분수)

분모를 같게 통분하여 분자끼리 나누어 계산합니다.

분자끼리 나눗셈

$$\frac{3}{4} \div \frac{2}{3} = \frac{9}{12} \div \frac{8}{12} = 9 \div 8 = \frac{9}{8} = 1\frac{1}{8}$$

통분

---

3 계산해 보세요.

(1) $\frac{5}{8} \div \frac{1}{8}$

(2) $\frac{13}{16} \div \frac{1}{8}$

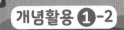
(자연수)÷(분수), (대분수)÷(분수)

 강이는 3 kg짜리 고구마 한 박스를 한 사람에게 $\frac{1}{3}$ kg씩 나누어 주려고 해요.

(1) 고구마를 몇 명에게 나누어 줄 수 있는지 구하는 식을 써 보세요.

(2) (1)의 식을 계산하고, 그 과정을 설명해 보세요.

(3) (자연수)÷(분수)를 계산하는 방법을 정리해 보세요.

2 하늘이는 쌀 $3\frac{1}{2}$ kg을 쌀 $\frac{3}{4}$ kg이 가득 차는 자루에 나누어 담으려고 합니다. 쌀을 몇 개의 자루에 나누어 담을 수 있는지 알아보세요.

(1) 쌀은 자루의 얼마만큼을 채울 수 있는지 구하는 식을 써 보세요.

(2) (1)의 식을 계산하고, 그 과정을 설명해 보세요.

(3) (대분수)÷(분수)를 계산하는 방법을 정리해 보세요.

개념 정리 (자연수)÷(분수), (대분수)÷(분수) 계산하기

- (자연수)÷(분수)

  자연수를 나누는 수와 분모가 같은 분수로 바꾼 후 분자끼리 나누어 계산합니다.

$$4 \div \frac{1}{2} = \frac{8}{2} \div \frac{1}{2} = 8 \div 1 = \frac{8}{1} = 8$$

  4를 분모가 2인 분수로 바꿔요.

- (대분수)÷(분수)

  대분수를 가분수로 바꾸고 분모를 통분한 후 분자끼리 나누어 계산합니다.

$$2\frac{1}{3} \div \frac{5}{6} = \frac{7}{3} \div \frac{5}{6} = \frac{14}{6} \div \frac{5}{6} = 14 \div 5 = \frac{14}{5} = 2\frac{4}{5}$$

  대분수를 가분수로 바꿔요.

---

3 계산해 보세요.

(1) $6 \div \frac{2}{7}$

(2) $2\frac{1}{4} \div \frac{2}{3}$

산이가 캔 감자는 바다가 캔 감자의 몇 배인가요?

 농촌 체험에서 감자를 산이는 $\frac{2}{5}$ kg, 바다는 $\frac{2}{15}$ kg 캤습니다. 물음에 답하세요.

(1) 산이가 캔 감자의 양은 바다가 캔 감자의 양의 몇 배인지 구하는 식을 써 보세요.

(2) (1)의 식을 단위분수를 이용하여 계산해 보세요.

(3) (1)의 식을 나누는 수의 분자와 분모를 바꾸어 곱셈으로 계산하고 (2)의 결과와 비교해 보세요.

2 강이는 생일에 친구들을 초대하기 위해 음료수 5 L를 컵에 $\frac{2}{5}$ L씩 나누어 담고, 사탕 25개를 접시에 2개씩 나누어 담으려고 합니다. 물음에 답하세요.

(1) 음료수를 몇 개의 컵에 담을 수 있는지 구하는 식을 쓰고, 단위분수를 이용하여 계산해 보세요.

(2) 사탕을 몇 개의 접시에 담을 수 있는지 구하는 식과 답을 써 보세요.

(3) (1)과 (2)의 계산 결과를 비교해 보세요.

(4) (1)의 식을 나누는 수의 분자와 분모를 바꾸어 곱셈으로 계산하고 (2)의 결과와 비교해 보세요.

(분수)÷(분수)를 (분수)×(분수)로 나타내기

1 하늘이는 물 $\frac{5}{6}$ L를 컵에 $\frac{2}{5}$ L씩 나누어 담으려고 합니다. 물음에 답하세요.

(1) 물을 몇 개의 컵에 담을 수 있는지 구하는 식을 쓰고, 단위분수를 이용하여 계산해 보세요.

(2) ☐ 안에 알맞은 수를 써넣으세요.

$$\frac{5}{6} \div \frac{2}{5} = \frac{5 \times 5}{6 \times 5} \div \frac{\boxed{}}{\boxed{}} = \boxed{} \div \boxed{} = \frac{5 \times 5}{\boxed{}} = \frac{5}{6} \times \frac{\boxed{}}{\boxed{}} = \boxed{}$$

(3) (1)과 (2)의 계산 결과를 비교하고 분수의 나눗셈을 계산하는 방법을 정리해 보세요.

2 산이가 물 $\dfrac{4}{7}$ L를 화병에 담았더니 화병의 $\dfrac{2}{3}$가 찼어요.

(1) 화병 한 통을 가득 채울 수 있는 물의 양을 구하는 식을 써 보세요.

(2) 화병의 $\dfrac{1}{3}$을 채울 수 있는 물의 양은 어떻게 구할 수 있는지 그림을 보고 빈칸을 채워 보세요.

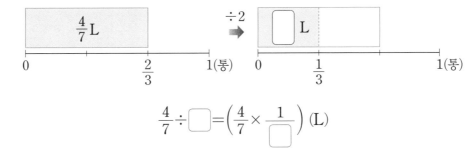

$$\frac{4}{7} \div \boxed{} = \left(\frac{4}{7} \times \frac{1}{\boxed{}} \right) \text{(L)}$$

(3) 화병 한 통을 가득 채울 수 있는 물의 양은 어떻게 구할 수 있는지 그림을 보고 빈칸을 채워 보세요.

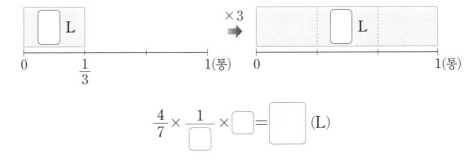

$$\frac{4}{7} \times \frac{1}{\boxed{}} \times \boxed{} = \boxed{} \text{(L)}$$

(4) $\dfrac{4}{7} \div \dfrac{2}{3}$를 $\dfrac{4}{7} \times \dfrac{3}{2}$으로 나타낼 수 있는지 설명해 보세요.

개념 정리 곱셈을 이용하여 (분수)÷(분수)를 계산하기

(분수)÷(분수)는 나누는 분수의 분자와 분모를 바꾸어 곱셈으로 계산합니다.

$$\frac{\blacktriangle}{\blacklozenge} \div \frac{\bullet}{\blacksquare} = \frac{\blacktriangle}{\blacklozenge} \times \frac{\blacksquare}{\bullet}$$

여러 가지 분수의 나눗셈

1 자두 $\frac{8}{13}$ kg의 가격이 4000원입니다. 물음에 답하세요.

(1) 자두 1 kg의 가격을 구하는 식을 써 보세요.

(2) 그림을 보고 자두 $\frac{1}{13}$ kg의 가격을 구해 보세요.

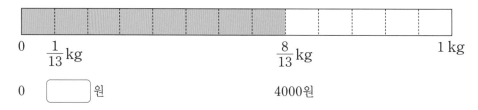

(3) 자두 $\frac{1}{13}$ kg의 가격을 이용하여 자두 1 kg의 가격을 구해 보세요.

(4) (1)의 식을 분수의 곱셈을 이용하여 계산하고 (3)의 결과와 비교해 보세요.

2 밑변의 길이가 $\frac{5}{2}$ cm인 평행사변형의 넓이가 $1\frac{4}{5}$ cm²입니다. 이 평행사

변형의 높이는 몇 cm인가요?

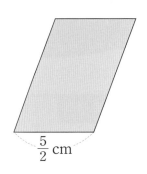

(1) 높이를 구하는 식을 써 보세요.

(2) 강이와 산이의 대화를 보고 두 사람의 계산 방법대로 평행사변형의 높이를 구해 보세요.

강

단위분수를 이용하여 분수의
나눗셈을 계산해 볼래.

분수의 곱셈을 이용하여
계산할래.

산

강	산

(3) (2)에서 분수의 나눗셈으로 계산한 방법과 분수의 곱셈을 이용하여 계산한 방법의 결과를
비교해 보세요.

개념 정리 여러 가지 분수의 나눗셈

(자연수)÷(분수)나 (대분수)÷(분수)는 나누는 분수의 분자와 분모를 바꾸어 분수의 곱셈으로 계
산합니다.

분수의 나눗셈

스스로 정리 분수의 나눗셈을 여러 가지 방법으로 계산해 보세요.

1 $\dfrac{3}{4} \div \dfrac{2}{7}$

방법 1

방법 2

개념 연결 뜻이나 성질을 써 보세요.

주제	뜻이나 성질 쓰기
나눗셈	$8 \div 2$의 뜻
크기가 같은 분수	크기가 같은 분수에 대하여 설명해 보세요.

---

1 나눗셈, 크기가 같은 분수를 이용하여 $\dfrac{6}{9} \div \dfrac{1}{3}$을 계산하고, 친구에게 편지로 설명해 보세요.

1 $2\frac{4}{5} \div \frac{2}{9}$ 를 2가지 방법으로 계산하고 다른 사람에게 설명해 보세요.

2 세로가 $\frac{3}{5}$ cm인 직사각형의 넓이가 $1\frac{3}{10}$ cm²입니다. 이 직사각형의 가로는 몇 cm인지 구하고 다른 사람에게 설명해 보세요.

$$1\frac{3}{10} \text{ cm}^2 \qquad \frac{3}{5} \text{ cm}$$

분수의 나눗셈은
이렇게 연결돼요

(분수)÷(자연수)

(분수)÷(분수)

(소수)÷(소수)

유리수의 나눗셈

1 그림을 보고 □ 안에 알맞은 수를 써넣으세요.

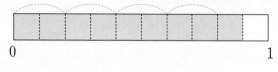

0   1

$$\frac{9}{10} \div \frac{2}{10} = \boxed{} \div \boxed{} = \frac{\boxed{}}{\boxed{}} = \boxed{}$$

2 □ 안에 알맞은 수를 써넣으세요.

$\frac{8}{9}$은 $\frac{1}{9}$이 $\boxed{}$개, $\frac{4}{9}$는 $\frac{1}{9}$이 $\boxed{}$개

➡ $\frac{8}{9} \div \frac{4}{9} = \boxed{}$

3 보기 와 같이 계산해 보세요.

보기

$$\frac{8}{9} \div \frac{5}{9} = 8 \div 5 = \frac{8}{5} = 1\frac{3}{5}$$

(1) $\frac{3}{4} \div \frac{1}{4}$

(2) $\frac{10}{17} \div \frac{7}{17}$

4 □ 안에 알맞은 수를 써넣으세요.

$$\frac{13}{21} \div \frac{3}{7} = \frac{13}{21} \times \frac{\boxed{}}{\boxed{}}$$

$$= \frac{\boxed{}}{\boxed{}} = \boxed{}\frac{\boxed{}}{\boxed{}}$$

5 $6 \div \frac{1}{4}$ 을 곱셈식으로 바르게 나타낸 것을 찾아 ○표 해 보세요.

6×4	$6 \times \frac{1}{4}$

(   )   (   )

6 계산해 보세요.

(1) $8 \div \frac{2}{5}$

(2) $20 \div \frac{5}{6}$

(3) $25 \div \frac{5}{7}$

(4) $32 \div \frac{8}{9}$

7 계산 결과가 가장 작은 식을 찾아 기호를 써 보세요.

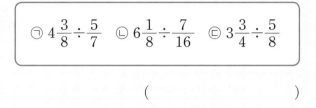

⊙ $4\frac{3}{8} \div \frac{5}{7}$ ⊙ $6\frac{1}{8} \div \frac{7}{16}$ ⓒ $3\frac{3}{4} \div \frac{5}{8}$

(   )

8 빈칸에 알맞은 수를 써넣으세요.

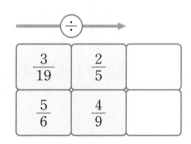

9 계산 결과를 비교하여 ○ 안에 >, =, <를 알맞게 써넣으세요.

$$\frac{5}{8} \div \frac{3}{32} \ \bigcirc \ 6$$

10 세로가 $\frac{8}{15}$ cm인 직사각형의 넓이가 $\frac{1}{3}$ cm²입니다. 이 직사각형의 가로는 몇 cm인가요?

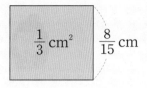

식 _____

답 _____

11 계산 결과가 자연수인 나눗셈은 어느 것인가요?

(   )

① $\frac{3}{5} \div \frac{4}{5}$ ② $\frac{6}{13} \div \frac{2}{13}$

③ $\frac{5}{8} \div \frac{3}{8}$ ④ $\frac{4}{9} \div \frac{7}{9}$

⑤ $\frac{9}{10} \div \frac{8}{10}$

12 길이가 10 m인 끈을 $\frac{2}{9}$ m씩 잘라 리본을 만들려고 합니다. 리본을 모두 몇 개 만들 수 있나요?

식 _____

답 _____

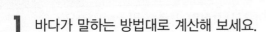

1 바다가 말하는 방법대로 계산해 보세요.

$\dfrac{5}{6} \div \dfrac{9}{11}$ 를 분수의 곱셈을 이용하여 계산하려고 해.

2 높이가 $2\dfrac{4}{7}$ cm인 삼각형의 넓이가 $5\dfrac{1}{2}$ cm²입니다. 이 삼각형의 밑변의 길이는 몇 cm인가요?

( )

3 이번 주에 모은 재활용품은 종이류가 $1\dfrac{7}{15}$ kg이고 플라스틱류가 $\dfrac{11}{13}$ kg입니다. 종이류의 무게는 플라스틱류의 무게의 몇 배인가요?

( )

4 다음 나눗셈식의 계산 결과는 자연수입니다. ★이 될 수 있는 자연수를 모두 구해 보세요.

$$\dfrac{15}{23} \div \dfrac{\bigstar}{23}$$

( )

5 조건을 만족하는 분수의 나눗셈식을 모두 써 보세요.

> **조건**
> - 11÷9를 이용하여 계산할 수 있습니다.
> - 두 분수의 분모는 같습니다.
> - 분모가 14보다 작은 진분수의 나눗셈입니다.

6 자전거를 타고 5 km를 달리는 데 $\frac{2}{5}$시간이 걸렸습니다. 같은 속도로 1시간 동안 달릴 수 있는 거리는 얼마인가요?

풀이

(   )

7 감자 16 kg을 한 명에게 $1\frac{3}{5}$ kg씩 나누어 준다면 모두 몇 명에게 나누어 줄 수 있나요?

풀이

(   )

8 인형 한 개를 만드는 데 $\frac{9}{11}$시간이 걸린다면 27시간 동안 만들 수 있는 인형은 모두 몇 개인가요?

풀이

(   )

2 명주실로 매듭을 몇 개 만들 수 있나요?

소수의 나눗셈

★ (소수)÷(소수)의 여러 가지 계산 방법을 알 수 있어요.

★ 나눗셈의 몫을 반올림하여 나타낼 수 있어요.

☑ Check

스스로 다짐하기

☐ 정확하고 빠른 것이 중요하지만, 왜 그런지 답할 수 있어야 해요.

☐ 설명하는 글을 쓸 때 다른 사람이 읽고 이해할 수 있게 써 보세요.

☐ 배운 내용을 어디에 사용할 수 있을지 생각해 보세요.

꼬리에 꼬리를 무는 개념 ✦

소수의 나눗셈
- (소수)÷(자연수)의 계산하기
- (자연수)÷(자연수)의 몫을 소수로 나타내기
- 몫을 어림하여 소수점 위치 확인하기

유리수의 계산
- 정수와 유리수
- 수의 대소 관계
- 정수와 유리수의 덧셈과 뺄셈
- 정수와 유리수의 곱셈과 나눗셈

5-2-4

6-2-2

소수의 곱셈
- (소수)×(자연수), (자연수)×(소수), (소수)×(소수)의 계산 원리를 이해하고 계산하기
- 소수의 곱셈에서 곱의 소수점 위치 변화의 원리 이해하고 계산하기

6-1-3

소수의 나눗셈
- (소수)÷(소수)의 계산하기
- 나눗셈의 몫을 반올림하여 나타내기
- 나누어 주고 남은 양 계산하기

중1

스스로 계획 짜기 ✏️

1일차	2일차	3일차	4일차	5일차
____ 월 ____ 일	____ 월 ____ 일	____ 월 ____ 일	____ 월 ____ 일	____ 월 ____ 일

6일차	7일차	8일차
____ 월 ____ 일	____ 월 ____ 일	____ 월 ____ 일

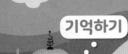
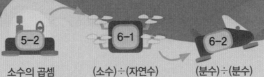

기억 1   소수의 뺄셈

자연수의 뺄셈과 같은 방법으로 계산한 후 소수점을 같은 자리에 내려서 찍습니다.

$$
\begin{array}{r} 4.5\ 3 \\ -\ 1.3\ 6 \\ \hline \end{array}
\ \Rightarrow\
\begin{array}{r} {}^{4}\!\!\!\not{5}\ {}^{10} \\ 4.\not{5}\ 3 \\ -\ 1.3\ 6 \\ \hline 7 \end{array}
\ \Rightarrow\
\begin{array}{r} {}^{4}\ {}^{10} \\ 4.\not{5}\ 3 \\ -\ 1.3\ 6 \\ \hline 1\ 7 \end{array}
\ \Rightarrow\
\begin{array}{r} {}^{4}\ {}^{10} \\ 4.\not{5}\ 3 \\ -\ 1.3\ 6 \\ \hline 3.1\ 7 \end{array}
$$

 계산해 보세요.

(1) $3.5 - 1.7$

(2) $12.26 - 7.19$

기억 2   소수의 곱셈

자연수의 곱셈과 같이 계산한 후 곱하는 두 소수의 소수점 아래 자리 수의 합과 같은 자리에 소수점을 찍습니다.

$$
\begin{array}{r} 3\ 6 \\ \times\ 2\ 7 \\ \hline 2\ 5\ 2 \\ 7\ 2 \\ \hline 9\ 7\ 2 \end{array}
\qquad\qquad
\begin{array}{r} 3.6 \\ \times\ 2.7 \\ \hline 2\ 5\ 2 \\ 7\ 2 \\ \hline 9.7\ 2 \end{array}
$$

$3.6 \rightarrow$ 소수 한 자리 수
$\times\ 2.7 \rightarrow$ 소수 한 자리 수
$9.7\ 2 \rightarrow$ 소수 두 자리 수

 계산해 보세요.

(1) 5.8×3

(2) 15×1.7

(3) 2.6×4.3

(4) 8.9×2.24

나누는 수가 같을 때, 나누어지는 수가 $\frac{1}{10}$배, $\frac{1}{100}$배이면 몫도 $\frac{1}{10}$배, $\frac{1}{100}$배가 됩니다.

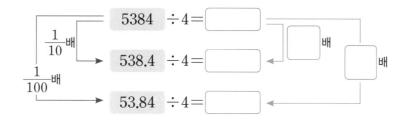

$\frac{1}{10}$배 → $429 \div 3 = 143$

$42.9 \div 3 = 14.3$ ← $\frac{1}{10}$배

$\frac{1}{100}$배 → $4.29 \div 3 = 1.43$ ← $\frac{1}{100}$배

3 빈칸에 알맞은 수를 써넣으세요.

$\frac{1}{10}$배 → $5384 \div 4 = \boxed{}$

$538.4 \div 4 = \boxed{}$ ← $\boxed{}$배

$\frac{1}{100}$배 → $53.84 \div 4 = \boxed{}$ ← $\boxed{}$배

4 계산해 보세요.

(1) $34.8 \div 4$

(2) $1.36 \div 17$

- 분모가 같은 (분수)÷(분수)는 분자끼리 나누어 계산합니다.

$$\frac{6}{8} \div \frac{2}{8} = 6 \div 2 = \frac{6}{2} = 3$$

- 분모가 다른 (분수)÷(분수)는 분모를 같게 통분하여 분자끼리 나누어 계산합니다.

분자끼리 나눗셈

$$\frac{3}{4} \div \frac{2}{3} = \frac{9}{12} \div \frac{8}{12} = 9 \div 8 = \frac{9}{8} = 1\frac{1}{8}$$

통분

5 계산해 보세요.

(1) $\frac{117}{10} \div \frac{3}{10}$

(2) $\frac{121}{100} \div \frac{11}{10}$

명주실로 매듭을 몇 개 만들 수 있나요?

[1~3] 명주실을 이용하여 입체적인 마디를 만드는 우리나라의 매듭 공예는 색과 모양에서 우수한 예술성을 인정받습니다. 빨간색과 파란색 명주실로 매듭을 만들려고 합니다. 물음에 답하세요.

 빨간색 명주실 12 m가 있습니다. 빨간색 명주실을 3 m씩 잘라 매듭을 만들려고 해요.

(1) 빨간색 매듭을 몇 개 만들 수 있는지 구하는 식을 써 보세요.

(2) 빨간색 매듭을 몇 개 만들 수 있는지 구하는 방법을 써 보세요.

 파란색 명주실 1.2 m가 있습니다. 파란색 명주실을 0.3 m씩 잘라 매듭을 만들려고 해요.

(1) 파란색 매듭을 몇 개 만들 수 있는지 구하는 식을 써 보세요.

(2) 계산 결과를 어림해 보고, 어떻게 어림했는지 써 보세요.

(3) 문제 **1**의 방법을 사용하여 파란색 매듭을 몇 개 만들 수 있는지 구해 보세요.

3 빨간색 매듭의 수와 파란색 매듭의 수 사이의 관계를 알아보세요.

(1) 빨간색 매듭의 수를 구하는 계산식과 파란색 매듭의 수를 구하는 계산식을 비교해 보세요.

(2) (1)에서 알게 된 점을 써 보세요.

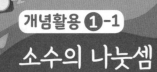
소수의 나눗셈

1 종이띠 27.5 cm를 0.5 cm씩 자르려고 합니다. 물음에 답하세요.

(1) 종이띠를 몇 도막으로 자를 수 있는지 구하는 식을 써 보세요.

(2) cm를 mm로 바꾸어 종이띠를 몇 도막으로 자를 수 있는지 구하는 식을 써 보세요.

(3) 종이띠를 몇 도막으로 자를 수 있나요? 그렇게 생각한 이유를 써 보세요.

2 종이띠 2.75 m를 0.05 m씩 자르려고 합니다. 물음에 답하세요.

(1) 종이띠를 몇 도막으로 자를 수 있는지 구하는 식을 써 보세요.

(2) m를 cm로 바꾸어 종이띠를 몇 도막으로 자를 수 있는지 구하는 식을 써 보세요.

(3) 종이띠를 몇 도막으로 자를 수 있나요? 그렇게 생각한 이유를 써 보세요.

3 275÷5를 이용하여 27.5÷0.5와 2.75÷0.05를 계산하는 방법을 알아보세요.

(1) 275÷5를 이용하여 27.5÷0.5를 계산하고 그 방법을 설명해 보세요.

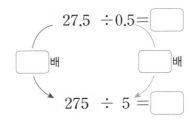

27.5 ÷0.5=□

□배   □배

275 ÷ 5 =□

설명 _____

_____

(2) 275÷5를 이용하여 2.75÷0.05를 계산하고 그 방법을 설명해 보세요.

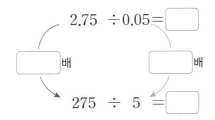

2.75 ÷0.05=□

□배   □배

275 ÷ 5 =□

설명 _____

_____

개념 정리 자연수의 나눗셈을 이용하여 소수의 나눗셈 계산하기

나눗셈에서 나누는 수와 나누어지는 수에 같은 수를 곱하여도 몫은 변하지 않습니다.

19.5 ÷0.3=65

10배   10배

195 ÷ 3 =65

1.95 ÷0.03=65

100배   100배

195 ÷ 3 =65

에코백을 몇 개 만들 수 있나요?

 매 순간 버려지는 엄청난 양의 의류를 소각하거나 매립하면 환경이 오염됩니다. 오래되거나 버려진 옷들을 재활용하여 섬유를 만들면 환경을 보호할 수 있습니다. 재활용 섬유 7.5 m를 0.5 m씩 잘라 에코백을 만들려고 합니다. 물음에 답하세요.

(1) 에코백을 몇 개 만들 수 있는지 구하는 식을 써 보세요.

(2) 계산 결과를 어림하고, 그렇게 어림한 이유를 써 보세요.

(3) 알고 있는 방법을 이용하여 (1)의 식을 어떻게 계산할 수 있는지 쓰고 계산해 보세요.

 방법 1

방법 2

2 친환경 의류 생산에 대한 관심이 높아지면서 버려진 페트병에서 실을 뽑아내는 기술이 개발되었습니다. 불순물을 제거하고 페트병을 뜨겁게 가열하는 방법으로 노란색 실뭉치를 1.95 kg, 초록색 실뭉치를 1.5 kg 뽑아냈습니다. 물음에 답하세요.

(1) 노란색 실뭉치의 무게는 초록색 실뭉치의 무게의 몇 배인지 구하는 식을 써 보세요.

(2) 계산 결과를 어림하고, 그렇게 어림한 이유를 써 보세요.

(3) 알고 있는 방법을 이용하여 (1)의 식을 어떻게 계산할 수 있는지 쓰고 계산해 보세요.

방법1

방법2

자릿수가 같은 (소수)÷(소수)의 계산

1 18.4÷0.8을 계산하려고 해요.

(1) 18.4÷0.8을 분수의 나눗셈으로 바꾸어 계산해 보세요.

$$18.4 \div 0.8 =$$

(2) 184÷8을 이용하여 18.4÷0.8을 계산하고 계산 방법을 설명해 보세요.

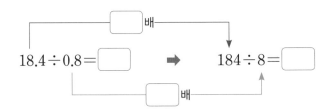

설명 _____

_____

(3) 18.4÷0.8을 세로로 계산하여 □ 안에 알맞은 수를 써넣고 계산한 방법을 설명해 보세요.

$$0.8 \overline{)18.4} \quad \Rightarrow \quad 0.8 \overline{)18.4} \quad \Rightarrow \quad 8 \overline{)184}$$

설명 _____

_____

2 2.88÷0.09를 계산하려고 해요.

(1) 2.88÷0.09를 분수의 나눗셈으로 바꾸어 계산해 보세요.

　　　2.88÷0.09=

(2) 288÷9를 이용하여 2.88÷0.09를 계산하고 계산 방법을 설명해 보세요.

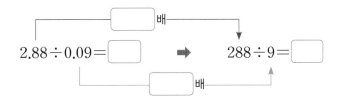

2.88÷0.09=□ ➡ 288÷9=□

배

배

설명 _____

_____

(3) 2.88÷0.09를 세로로 계산하여 □ 안에 알맞은 수를 써넣고 계산한 방법을 설명해 보세요.

0.09)2.88 ➡ 0.09)2.88 ➡ 9)288

설명 _____

_____

개념 정리 **자릿수가 같은 (소수)÷(소수)**

나누는 수가 소수 한 자리 수이면 소수점을 오른쪽으로 한 자리씩 옮겨서 계산합니다.

```
           7 6
0.4)3 0.4
    2 8
    ─────
      2 4
      2 4
      ─────
         0
```

자릿수가 다른 (소수)÷(소수)의 계산

1 8.64÷2.4를 계산하려고 해요.

(1) 8.64÷2.4를 분모가 100인 분수의 나눗셈으로 바꾸어 계산해 보세요.

8.64÷2.4＝

(2) 864÷240을 이용하여 8.64÷2.4를 계산하고 계산 방법을 설명해 보세요.

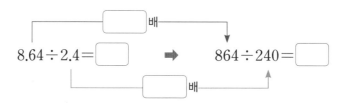

설명 _____

_____

(3) 8.64÷2.4를 세로로 계산할 때 □ 안에 알맞은 수를 써넣고 계산한 방법을 설명해 보세요.

$$2.4\overline{)8.64} \quad \Rightarrow \quad 2.40\overline{)8.64} \quad \Rightarrow \quad 240\overline{)8640}$$

설명 _____

_____

자릿수가 다른 (소수)÷(소수)의 계산

 2 8.64÷2.4를 계산하려고 해요.

(1) 8.64÷2.4를 분모가 10인 분수의 나눗셈으로 바꾸어 계산해 보세요.

8.64÷2.4＝

(2) 86.4÷24를 이용하여 8.64÷2.4를 계산하고 계산 방법을 설명해 보세요.

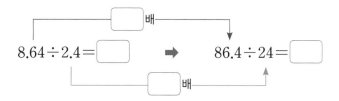

8.64÷2.4＝ $\boxed{}$ ➡ 86.4÷24＝ $\boxed{}$

설명 _____

_____

(3) 8.64÷2.4를 세로로 계산할 때 ☐ 안에 알맞은 수를 써넣고 계산한 방법을 설명해 보세요.

$$2.4\,)\,\overline{8.6\,4} \quad ➡ \quad 2.4\,)\,\overline{8.6\,4} \quad ➡ \quad 2\,4\,)\,\overline{8\,6.4}$$

설명 _____

_____

개념 정리 자릿수가 다른 (소수)÷(소수)

소수점을 오른쪽으로 한 자리씩 또는 두 자리씩 옮깁니다. 몫의 소수점의 위치는 옮긴 소수점의 위치와 같습니다.

$$\begin{array}{r} 5.6 \\ 1.2\,)\,\overline{6.7\,2} \\ \underline{6\ 0} \\ 7\ 2 \\ \underline{7\ 2} \\ 0 \end{array} \qquad 또는 \qquad \begin{array}{r} 5.6 \\ 1.20\,)\,\overline{6.7\,2\,0} \\ \underline{6\ 0\ 0} \\ 7\ 2\ 0 \\ \underline{7\ 2\ 0} \\ 0 \end{array}$$

감자를 배송할 트럭은 몇 대가 필요한가요?

1 인근 지역에서 생산된 친환경 농산물을 소비하는 로컬푸드 운동은 장거리 운송과 여러 유통 단계를 거칠 필요가 없을 뿐만 아니라 지역 경제의 활성화에 도움을 줄 수 있습니다. 어느 농가에서 생산한 감자 6톤을 트럭 한 대에 1.2톤씩 실어서 여러 로컬푸드 매장으로 배송하려고 합니다. 물음에 답하세요.

(1) 트럭이 몇 대 필요한지 구하는 식을 써 보세요.

(2) 계산 결과를 어림하고, 그렇게 어림한 이유를 써 보세요.

(3) (소수)÷(소수)의 계산 방법을 바탕으로 (1)의 식을 어떻게 계산하면 좋을지 써 보세요.

(4) (3)의 방법을 이용하여 계산해 보세요.

 방법 1

방법 2

2 로컬푸드 매장에서는 인근 지역에서 생산한 농산물을 생산자가 직접 판매하는 직거래 방식으로 농식품을 판매합니다. 어느 로컬푸드 매장에서 쌀 2.4 kg을 10000원에 판매할 때 쌀 1 kg의 가격은 얼마인지 알아보세요.

(1) 쌀 1 kg의 가격을 구하는 식을 써 보세요.

(2) 계산 결과를 어림하고, 그렇게 어림한 이유를 써 보세요.

(3) 계산 결과를 간단한 소수로 나타낼 수 있는지 알아보고 그렇게 생각한 이유를 써 보세요.

(4) 계산 결과를 어떻게 나타내면 좋을지 써 보세요.

(자연수)÷(소수)의 계산

1 27÷4.5를 계산하려고 해요.

(1) 27÷4.5를 분수의 나눗셈으로 바꾸어 계산해 보세요.

27÷4.5=

(2) 270÷45를 이용하여 27÷4.5를 계산하고 계산 방법을 설명해 보세요.

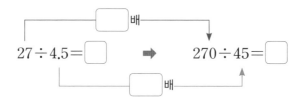

설명 _____

_____

(3) 27÷4.5를 세로로 계산하여 ☐ 안에 알맞은 수를 써넣고 계산한 방법을 설명해 보세요.

$$4.5\overline{)27} \quad \Rightarrow \quad 4.5\overline{)27.0} \quad \Rightarrow \quad 45\overline{)270}$$

설명 _____

_____

2 17÷4.25를 계산하려고 해요.

(1) 17÷4.25를 분수의 나눗셈으로 바꾸어 계산해 보세요.

17÷4.25=

(2) 1700÷425를 이용하여 17÷4.25를 계산하고 계산 방법을 설명해 보세요.

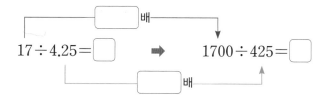

17÷4.25＝☐ ➡ 1700÷425＝☐

설명 _____

_____

(3) 17÷4.25를 세로로 계산하여 ☐ 안에 알맞은 수를 써넣고 계산한 방법을 설명해 보세요.

4 . 2 5)¯1 7   ➡   4 . 2 5)¯1 7 . 0 0   ➡   4 2 5)¯1 7 0 0

설명 _____

_____

개념 정리 (자연수)÷(소수)

나누는 수가 자연수가 되도록 소수점을 오른쪽으로 옮겨 계산합니다.

```
            2 4
0 . 3 5 ) 8 . 4 0
          7 0
        ─────────
          1 4 0
          1 4 0
        ─────────
              0
```

개념활용 3-2
몫을 반올림하여 나타내기

1 친구들의 대화를 읽고, 물음에 답하세요.

> 약병에 3일 동안 먹어야 할 감기약 25 mL가 들어 있어.

> 그럼 하루에 약을 몇 mL씩 먹어야 할까?

> 25 mL를 3일 동안 똑같이 나누어 먹어야겠네.

(1) 약을 하루에 몇 mL씩 먹어야 하는지 알아보기 위한 식을 쓰고, 계산해 보세요.

(2) 약을 하루에 약 몇 mL씩 먹어야 할까요? 그 이유를 써 보세요.

2 계산해 보세요.

(1) 8÷0.3을 계산해 보세요.

(2) 8을 0.3으로 나눈 몫을 반올림하여 소수 첫째 자리까지 나타내어 보세요.

(3) 8을 0.3으로 나눈 몫을 반올림하여 소수 둘째 자리까지 나타내어 보세요.

(4) 8을 0.3으로 나눈 몫을 반올림하여 소수 셋째 자리까지 나타내어 보세요.

3 12÷0.46의 몫을 반올림하여 나타내려고 해요.

(1) 12÷0.46의 몫을 반올림하여 소수 첫째 자리까지 나타내어 보세요.

(2) 12÷0.46의 몫을 반올림하여 소수 둘째 자리까지 나타내어 보세요.

(3) 12÷0.46의 몫을 반올림하여 소수 셋째 자리까지 나타내어 보세요.

4 계산해 보세요.

(1) 8÷5.5의 몫을 반올림하여 소수 첫째 자리까지 나타내어 보세요.

(2) 7÷2.1의 몫을 반올림하여 소수 둘째 자리까지 나타내어 보세요.

개념 정리 몫을 반올림하여 나타내기

몫을 반올림하여 소수 첫째 자리까지 나타내려면 소수 둘째 자리에서 반올림해야 합니다.

$$10.5 ÷ 9 = 1.1\underline{6}666\cdots\cdots \Rightarrow 1.2$$

몫을 반올림하여 소수 둘째 자리까지 나타내려면 소수 셋째 자리에서 반올림해야 합니다.

$$10.5 ÷ 9 = 1.16\underline{6}66\cdots\cdots \Rightarrow 1.17$$

수확한 콩은 몇 자루인가요?

1 어느 지역에서 이웃과 더불어 텃밭을 가꾸며 서로 소통하고 나눔을 실천하는 공동체 텃밭 조성 사업을 벌이고 있습니다. 공동체 텃밭에서 수확한 콩 9.2 kg을 자루에 4 kg씩 나누어 담으려고 합니다. 물음에 답하세요.

(1) 강이는 콩을 나누어 담을 자루의 수와 남는 콩의 양을 바르게 계산했나요? 그렇게 생각한 이유를 써 보세요.

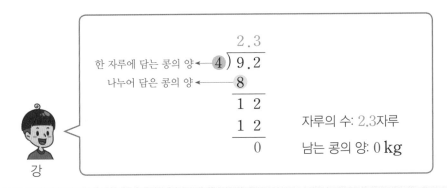

한 자루에 담는 콩의 양 ← 4) 9.2

2.3

나누어 담은 콩의 양 ← 8

1 2
1 2
0

자루의 수: 2.3자루

남는 콩의 양: 0 kg

강

(2) 바다는 콩을 나누어 담을 자루의 수와 남는 콩의 양을 바르게 계산했나요? 그렇게 생각한
이유를 써 보세요.

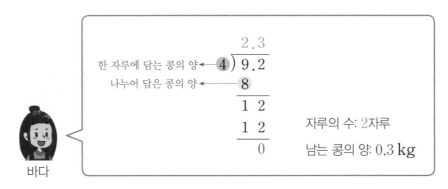

(3) 하늘이는 콩을 나누어 담을 자루의 수와 남는 콩의 양을 바르게 계산했나요? 그렇게 생각
한 이유를 써 보세요.

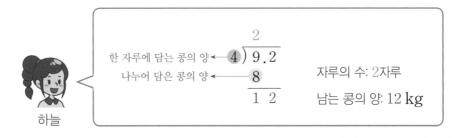

(4) 산이는 콩을 나누어 담을 자루의 수와 남는 콩의 양을 바르게 계산했나요? 그렇게 생각한
이유를 써 보세요.

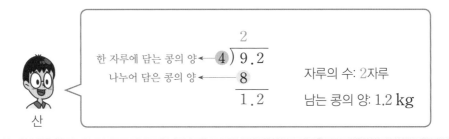

나누어 주고 남는 양 알아보기

1 종이띠 8.4 m를 2 m씩 잘라 종이꽃을 만들려고 합니다. 만들 수 있는 종이꽃의 수와 남는 종이띠의 길이를 알아 보세요.

(1) 종이꽃을 몇 개 만들 수 있는지 알아보기 위한 식을 써 보세요.

(2) 그림에 2 m씩 ×표를 하고, 뺄셈으로 나타내어 보세요.

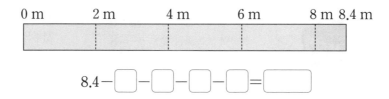

8.4 − ☐ − ☐ − ☐ − ☐ = ☐

(3) 종이꽃을 몇 개 만들 수 있는지 써 보세요.

(4) 남는 종이띠는 몇 m인지 써 보세요.

2 8.4÷2의 몫을 자연수까지 계산하고 나머지를 구해 보세요.

(1) ☐ 안에 알맞은 수를 써넣으세요.

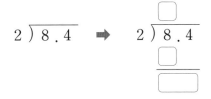

(2) 자연수까지 계산한 몫과 나머지는 각각 얼마인지 써 보세요.

(3) 계산 결과가 맞는지 확인해 보세요.

(4) 8.4÷2의 몫을 자연수까지 계산하고 나머지를 구하는 방법을 설명해 보세요.

3 나눗셈의 몫을 자연수까지 계산하고 나머지를 구해 보세요.

(1) 3)17.5   (2) 4)29.6   (3) 7)87.4

몫   나머지   몫   나머지   몫   나머지

개념 정리 **소수의 나눗셈에서 나머지 구하기**

몫을 자연수까지 계산할 때 나머지의 소수점의 위치는 나누어지는 수의 소수점의 위치와 같습니다.

```
    4
2)9.8
  8
  1.8
```

소수의 나눗셈

스스로 정리 나눗셈을 2가지 방법으로 계산해 보세요.

1 $30.4 \div 0.4$

방법1 자연수의 나눗셈을 이용하기

방법2 분수로 고쳐 나눗셈하기

개념 연결 문제를 해결해 보세요.

주제	계산 방법 설명하기
자연수의 나눗셈	$384 \div 16$을 세로로 계산해 보세요.
분모가 같은 분수와 나눗셈	$\dfrac{81}{100} \div \dfrac{9}{100}$를 계산해 보세요.

1 자연수의 나눗셈, 분모가 같은 분수의 나눗셈의 계산 방법을 이용하여 자릿수가 같은 소수의 나눗셈의 계산 원리를 친구에게 편지로 설명해 보세요.

1 4.7÷0.7의 몫을 반올림하여 소수 첫째 자리까지 나타내고 다른 사람에게 설명해 보세요.

2 주스 54 L를 1.8 L들이 페트병에 나누어 담으려고 합니다. 필요한 페트병의 수를 구하고 다른 사람에게 설명해 보세요.

소수의 나눗셈은
이렇게 연결돼요

 6-1
(소수)÷(자연수)

 6-2
(분수)÷(분수)

 6-2
(소수)÷(소수)

 중1
유리수의 사칙 계산

1 □ 안에 알맞은 수를 써넣으세요.

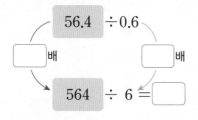

$$56.4 \div 0.6 = \boxed{}$$

2 보기 와 같이 계산해 보세요.

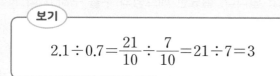

$$4.8 \div 0.6 =$$

3 세로로 계산해 보세요.

(1) $9.6 \div 0.8$　　　(2) $62.4 \div 2.6$

4 관계있는 것끼리 선으로 이어 보세요.

$60.16 \div 6.4$ •

$52.08 \div 8.4$ •

• 6.2

• 9.4

• 8.6

5 계산 결과를 비교하여 ○ 안에 >, =, <를 알맞게 써넣으세요.

(1) $5.36 \div 0.8$ ◯ $23.03 \div 4.7$

(2) $7.84 \div 1.6$ ◯ $13.78 \div 5.3$

6 자연수를 소수로 나누어 빈칸에 몫을 써넣으세요.

(1)

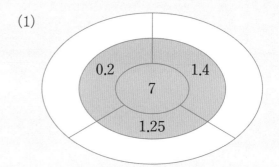

(2)

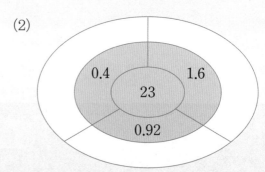

7 큰 수를 작은 수로 나눈 몫을 반올림하여 소수 첫째 자리까지 나타내어 보세요.

(1)
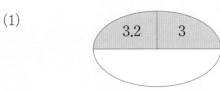

(2)
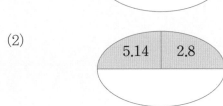

8 리본 1개를 만드는 데 끈 0.6 m가 필요할 때 끈 17.4 m로 리본을 몇 개 만들 수 있는지 구해 보세요.

( )

9 강이네 집에서 공원까지의 거리는 집에서 학교까지의 거리의 몇 배인지 구해 보세요.

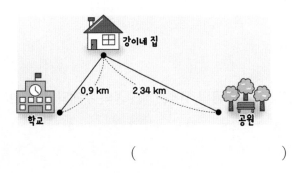

( )

10 혜원이가 가지고 있는 연필의 길이는 18 cm이고, 태영이가 가지고 있는 연필의 길이는 8.5 cm입니다. 혜원이가 가지고 있는 연필의 길이는 태영이가 가지고 있는 연필의 길이의 몇 배인지 반올림하여 소수 둘째 자리까지 나타내어 보세요.

( )

11 휘발유 240.8 L를 오토바이 한 대에 18 L씩 주유하려고 합니다. 오토바이 몇 대에 주유할 수 있는지 구하기 위해 다음과 같이 계산했습니다. 빈칸에 알맞은 수를 써넣으세요.

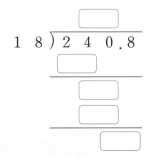

휘발유를 오토바이 ☐ 대에 주유하고 ☐ L가 남습니다.

12 어떤 수에 1.25를 곱했더니 15가 되었습니다. 어떤 수는 얼마인지 풀이 과정을 쓰고 답을 구해 보세요.

풀이

( )

1 33.6÷8.4를 계산한 방법을 설명해 보세요.

$$
\begin{array}{r}
4 \\
8.4\,\overline{)\,3\,3.6} \\
3\,3\,6 \\
\hline
0
\end{array}
$$

방법 _____

2 몫이 큰 순서대로 기호를 써 보세요.

㉠ 7.82÷0.34	㉡ 6.67÷2.3	㉢ 12÷2.4

(   )

3 42.24÷26.4를 다음과 같이 계산했습니다. 잘못 계산한 곳을 찾아 바르게 계산하고, 이유를 써 보세요.

$$
\begin{array}{r}
0.1\,6 \\
26.4\,\overline{)\,4\,2.2\,4} \\
2\,6\,4 \\
\hline
1\,5\,8\,4 \\
1\,5\,8\,4 \\
\hline
0
\end{array}
$$
→

이유 _____

4 야구공의 무게는 140.4 g이고, 탁구공의 무게는 2.7 g입니다. 야구공의 무게는 탁구공의 무게의 몇 배인지 구해 보세요.

(   )

5 주스 15.3 L를 병에 4 L씩 나누어 담으려고 합니다. 필요한 병의 수와 남는 주스의 양을 구해 보세요.

> **풀이**

주스를 ☐병에 나누어 담고, ☐ L가 남습니다.

6 다음은 우리나라의 연도별 1인당 온실가스 배출량을 나타낸 표입니다. 2018년 1인당 온실가스 배출량은 2017년 배출량의 몇 배인지 반올림하여 소수 둘째 자리까지 나타내어 보세요.

연도별 1인당 온실가스 배출량

연도(년)	2015	2016	2017	2018
배출량(t)	13.6	13.5	13.8	14.1

(출처: 국가온실가스통계, 통계청, 2018.)

> **풀이**

( )

7 식에 알맞은 문제를 만들고, 답을 구해 보세요.

$$80 \div 2.5$$

> **문제**
>
> **답**

3 어느 방향에서 보고 그린 그림일까요?

공간과 입체

★ 위, 앞, 옆에서 본 모양을 알 수 있어요.

★ 쌓기나무의 본 모양을 그리거나 개수를 구할 수 있어요.

★ 쌓기나무로 여러 가지 모양을 만들 수 있어요.

꼬리에 꼬리를 무는 개념 ✦

직육면체의 부피와 겉넓이
- 임의 단위로 직육면체 부피 비교하기
- 부피 단위 1 cm^3, 1 m^3를 알고 관계 이해하기
- 직육면체 부피 구하기
- 직육면체 겉넓이 구하기

6-1-2

원기둥, 원뿔, 구
- 원기둥, 원뿔, 구를 이해하고 구분하기
- 원기둥, 원뿔, 구의 구성 요소와 성질 말하기
- 원기둥의 전개도를 이해하고 바르게 그리기

6-2-3

각기둥과 각뿔
- 각기둥과 각뿔을 이해하기
- 각기둥의 전개도를 이해하고 그리기
- 각기둥과 각뿔에서 꼭짓점의 수, 면의 수, 모서리의 수 알기

6-1-6

공간과 입체
- 여러 방향에서 바라보기
- 위, 앞, 옆에서 본 모양, 수를 쓰는 방법, 층별로 나타낸 모양으로 쌓기나무의 모양과 개수 알아보기
- 쌓기나무로 여러 가지 모양 만들기

6-2-6

스스로 계획 짜기 ✏️

1일차	2일차	3일차	4일차	5일차
____월 ____일	____월 ____일	____월 ____일	____월 ____일	____월 ____일

6일차	7일차
____월 ____일	____월 ____일

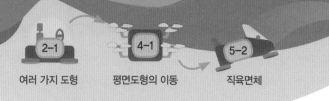

2-1 여러 가지 도형 4-1 평면도형의 이동 5-2 직육면체

기억 1 쌓기나무로 만든 모양 설명하기

노란색 쌓기나무의 오른쪽에 있는 쌓기나무는 초록색이야.

오른쪽

앞

주황색 쌓기나무의 앞에 있는 쌓기나무는 빨간색이야.

---

1 똑같은 모양으로 쌓으려면 쌓기나무가 몇 개 필요할까요?

(1)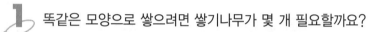

(   )

(2)

(   )

---

2 설명을 보고 똑같은 모양이 되도록 색칠해 보세요.

주황색 쌓기나무의 왼쪽에는 노란색, 위에는 빨간색, 오른쪽에는 초록색 쌓기나무가 있어. 초록색 쌓기나무의 위에는 파란색 쌓기나무가 있고, 노란색 쌓기나무의 앞에는 갈색 쌓기나무가 있어.

오른쪽

앞

주황색 쌓기나무의 위에는 빨간색 쌓기나무 1개가 있고, 오른쪽에는 초록색 쌓기나무 2개가 1층으로 나란히 있어. 주황색 쌓기나무의 왼쪽에는 노란색 쌓기나무 2개가 2층으로 있어.

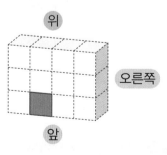

위

오른쪽

앞

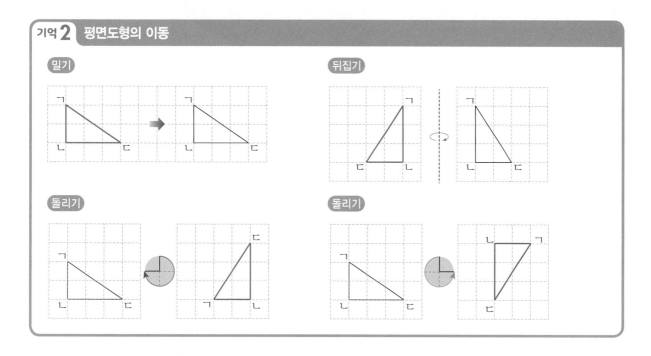

3 도형을 오른쪽으로 뒤집고 시계 방향으로 90°만큼 돌렸을 때의 모양을 그려 보세요.

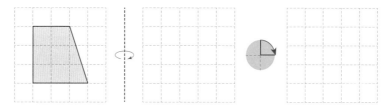

4 도형을 시계 방향으로 180°만큼 돌리고 오른쪽으로 뒤집었을 때의 모양을 그려 보세요.

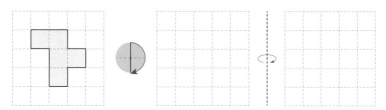

5 뒤집기나 돌리기를 이용하여 ⓑ을 ⓠ로 만드는 방법을 설명해 보세요.

방법 1 _____

방법 2 _____

어느 방향에서 그린 그림인가요?

1 산이와 바다는 같이 정물화를 그리고 있습니다. 옆에서 그 모습을 바다의 동생이 바라보고 있습니다. 산이와 바다가 완성한 그림을 간단하게 그리고 그렇게 그린 이유를 써 보세요. 또 바다의 동생이 그림을 그린다면 완성할 그림을 그리고 그렇게 그린 이유를 써 보세요.

바다의 동생

산이의 그림	바다의 그림	동생의 그림

그렇게 그린 이유	그렇게 그린 이유	그렇게 그린 이유

2 냄비를 보고 물음에 답하세요.

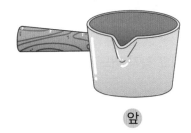

앞

(1) 사진을 보고 각각 어느 방향에서 찍은 것인지 쓰고 그렇게 생각한 이유를 써 보세요.

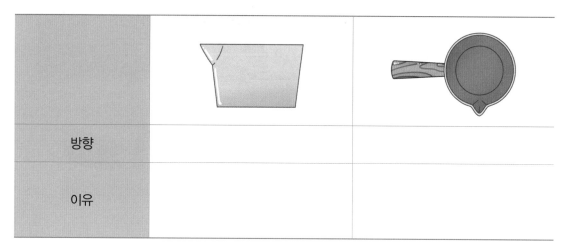

방향		
이유		

(2) 냄비를 왼쪽과 뒤에서 본 모습을 각각 그리고 그렇게 그린 이유를 써 보세요.

	왼쪽에서 본 모습	뒤에서 본 모습
그림		
이유		

(3) (1), (2)의 사진이나 그림을 통해 무엇을 알 수 있나요?

물체를 본 방향 찾기

1 숭례문 주변에서 찍은 사진을 보고 각각 어느 방향에서 찍은 사진인지 기호를 써 보세요.

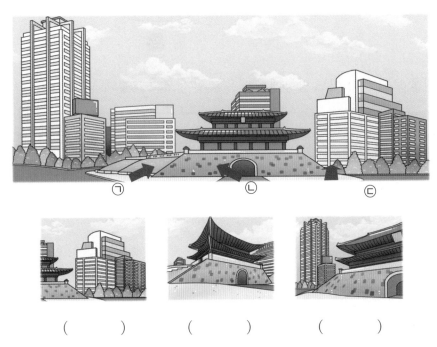

( )   ( )   ( )

2 곰 인형의 사진을 여러 방향에서 찍었습니다. 각각 어느 방향에서 찍은 것인지 번호를 써 보세요.

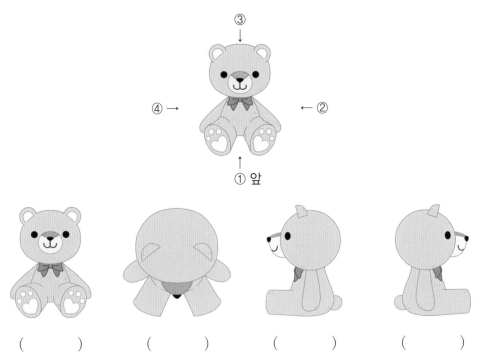

( )   ( )   ( )   ( )

3 컵의 사진을 찍었습니다. 각각 어느 방향에서 찍은 것인지 설명해 보세요.

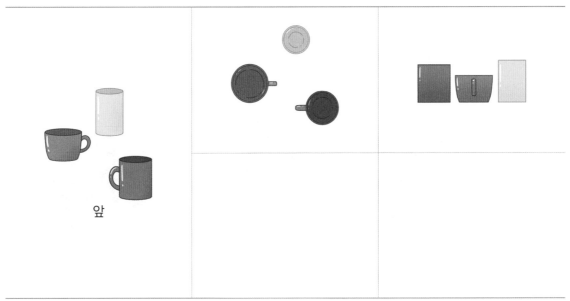

앞		

4 각각의 위치에서 본 모습을 그려 보세요.

(1)

	①	②	③

(2)

	①	②	③

쌓기나무의 개수는 몇 개일까요?

[1~6]   하늘이와 강이는 쌓기나무로 모양을 만드는 프로그램을 이용하여 모양 만들기를 하고 있습니다.
하늘이가 쌓은 모양을 보고 물음에 답하세요.

1 쌓은 모양에 이용된 쌓기나무는 모두 몇 개일까요? 그렇게 생각한 이유를 써 보세요.

2 쌓은 모양에 이용된 쌓기나무의 개수를 정확히 알 수 없다면 정확히 알 수 있는 방법은 무엇일지 써
보세요.

3 쌓은 모양을 위에서 본 모양이 될 수 있는 두 가지 경우를 그리고 각각의 경우에 필요한 쌓기나무의
개수를 써 보세요.

모양1   모양2

쌓기나무의 수 (   )   쌓기나무의 수 (   )

4 강이는 하늘이가 만든 모양을 추측하여 만든 다음 이 모양을 다양한 방향에서 보았습니다. 각각 어느 방향에서 본 것인지 쓰고, 강이가 이용한 쌓기나무는 몇 개인지 써 보세요.

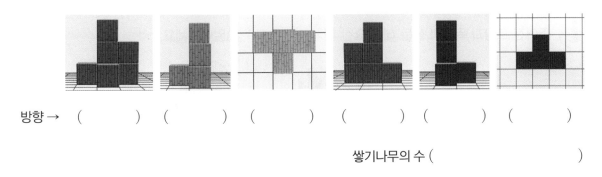

방향 → (　　　　) (　　　　) (　　　　) (　　　　) (　　　　) (　　　　)

쌓기나무의 수 (　　　　　　　　)

5 쌓은 모양을 알아보는 데 문제 **4**와 같이 모든 방향에서 본 모양이 필요할까요? 그렇지 않다면 어떤 방향에서 본 모습이 꼭 필요할지 자신의 생각을 써 보세요.

6 문제 **4**에서 강이가 쌓은 모양은 하늘이가 쌓은 모양과 다르다고 합니다. 하늘이가 쌓은 모양은 어떤 모양일지 서로 다른 방향에서 본 모양을 그려 보세요. (단, 쌓은 모양을 알기 위해 필요한 방향의 그림만 그립니다.)

내가 생각한 모습

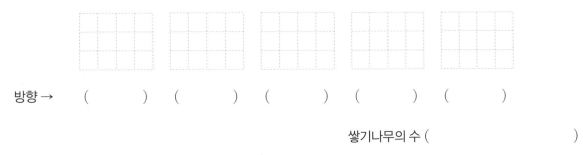

방향 → (　　　　) (　　　　) (　　　　) (　　　　) (　　　　)

쌓기나무의 수 (　　　　　　　　)

위, 앞, 옆에서 본 모양 그리기

1 주어진 모양과 똑같이 쌓는 데 필요한 쌓기나무의 개수를 알아보세요.

가 나

(1) **가**와 **나**에 사용된 쌓기나무의 개수는 각각 몇 개일까요?

가 (   ), 나 (   )

(2) **가**와 **나** 중 쌓기나무의 개수를 정확히 알 수 없는 모양이 있나요? 있다면 그 이유를 써 보세요.

(3) **나**를 위에서 본 모양을 보고 똑같이 쌓는 데 필요한 쌓기나무는 몇 개인지 써 보세요.

(   )

위에서 본 모양

(4) **나**를 쌓는 데 필요한 쌓기나무의 수가 8개일 때 위에서 본 모양을 그려 보세요.

(5) 쌓기나무로 쌓은 모양을 위에서 본 모양을 그리면 좋은 점이 무엇인지 써 보세요.

2 쌓기나무로 쌓은 모양과 쌓기나무의 개수를 정확하게 알 수 있는 방법을 알아보세요.

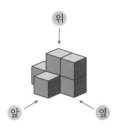

(1) 쌓기나무로 쌓은 모양을 위, 앞, 옆에서 본 모양을 각각 찾아 기호를 써 보세요.

(2) 똑같은 모양으로 쌓는 데 필요한 쌓기나무는 몇 개인가요?

(   )

3 쌓기나무로 쌓은 모양과 이를 위에서 본 모양입니다. 앞과 옆에서 본 모양을 각각 그리고 쌓은 모양을 만들기 위해 필요한 쌓기나무는 모두 몇 개인지 써 보세요.

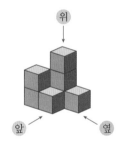

(   )

4 쌓기나무를 위, 앞, 옆에서 본 모양을 그리고, 똑같이 쌓는 데 필요한 쌓기나무의 개수를 구해 보세요.

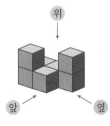

(   )

쌓기나무의 개수 알아보기

1 쌓기나무로 쌓은 모양과 쌓기나무의 개수를 정확히 알 수 있는 방법을 찾아보세요.

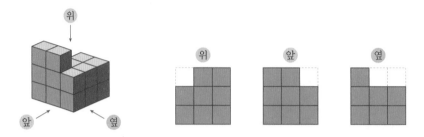

(1) 위에서 본 모양의 ㉠과 ㉡ 자리에 쌓은 쌓기나무는 몇 개일까요? 쌓기나무의 수를 정확히 알 수 있나요?

㉠ (   ), ㉡ (   )

정확히 알 수 (있습니다 , 없습니다).

(2) 위에서 본 모양의 각 자리에 쌓은 쌓기나무의 개수를 나타낸 것을 보고 (1)의 ㉠과 ㉡ 자리에 쌓은 쌓기나무의 수를 각각 써 보세요.

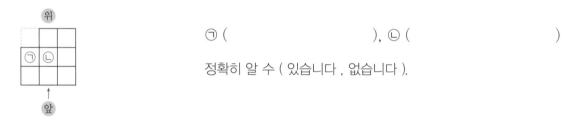

㉠ (   ), ㉡ (   )

2 위에서 본 모양의 각 자리에 쌓은 쌓기나무의 수를 쓰고, 쌓은 모양을 만들기 위해 필요한 쌓기나무의 수를 써 보세요.

(1)

(   )

(2)

(   )

3 쌓기나무로 쌓은 모양을 층별로 그렸습니다. 각각 몇 층을 나타낸 그림인지 쓰고 각 층에 사용된 쌓기나무는 몇 개인지 써 보세요.

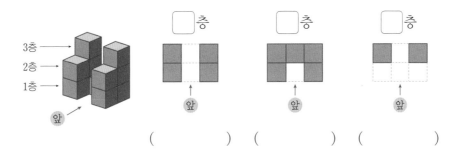

(   ) (   ) (   )

4 쌓기나무로 쌓은 모양을 층별로 그리고, 똑같이 쌓는 데 필요한 쌓기나무는 모두 몇 개인지 구해 보세요. (단, 뒤에 보이지 않는 쌓기나무는 없습니다.)

(1)

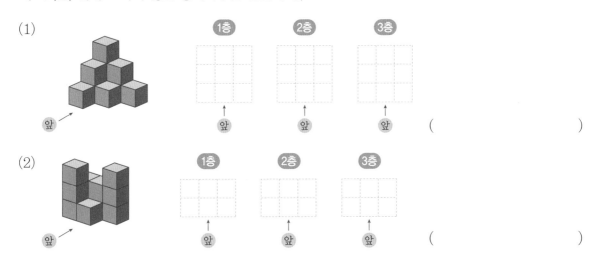

(   )

(2)

(   )

개념 정리   쌓은 모양과 쌓기나무의 개수를 알 수 있는 방법

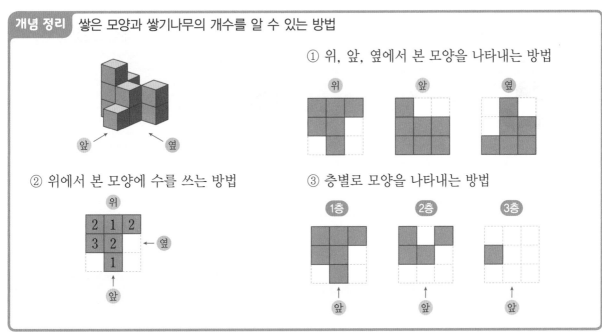

① 위, 앞, 옆에서 본 모양을 나타내는 방법

② 위에서 본 모양에 수를 쓰는 방법

③ 층별로 모양을 나타내는 방법

무엇으로 만들었을까요?

1 쌓기나무 3개를 붙여서 만들 수 있는 서로 다른 모양 중 다음 (조건)을 만족하는 것을 모두 찾아 그려 보세요.

> **조건**
>
> • 모양은 으로 나타냅니다.
>
> • 면과 면이 붙지 않거나 일부만 붙은 , 모양은 만들 수 없습니다.
>
> • 돌리거나 뒤집었을 때 같은 것은 같은 모양으로 생각합니다.

2 쌓기나무 4개로 만들 수 있는 서로 다른 모양을 모두 찾으려고 해요.

(1) 서로 다른 모양을 쉽게 찾을 수 있는 방법을 써 보세요.

(2) 서로 다른 모양을 모두 찾아서 각각 다른 색깔로 그리고, 몇 가지인지 세어 보세요.

> 모양과 같이 평면으로 표현할 수 없을 때는 로 나타냅니다.

(   )

3 문제 **2**에서 찾은 모양 중 2가지를 이용하여 만든 것입니다. 같은 모양이더라도 사용한 모양의 종류나 위치는 다를 수 있습니다. 어떻게 만들었는지 구분하여 색칠해 보세요.

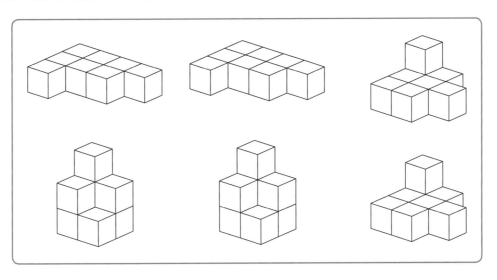

4 문제 **2**에서 찾은 모양 중 3가지를 이용하여 만든 것입니다. 문제 **3**과 같은 방법으로 색칠해 보세요.

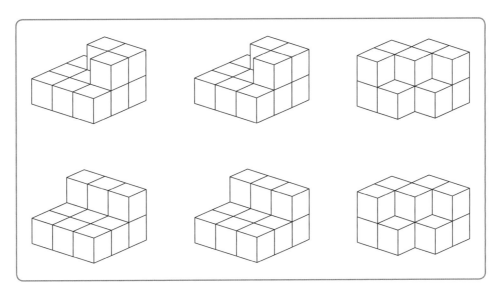

여러 가지 모양 만들기

1 쌓기나무 3개로 만든 모양입니다. 돌리거나 뒤집었을 때 서로 같은 모양을 찾아 선으로 이어 보세요.

2 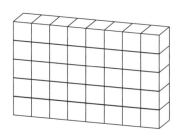 모양에 쌓기나무 1개를 붙여서 만들 수 있는 서로 다른 모양을 모두 찾아 그리고 몇 가지인지 세어 보세요.

(　　　　　　　　　　)

3 친구들이 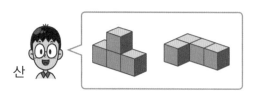 모양에 쌓기나무 1개를 붙여서 서로 다른 모양을 만들었습니다. 같은 모양을 2개 만든 사람은 누구인지 찾아보세요.

산

강

하늘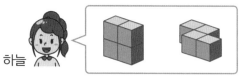

바다

(　　　　　　　　　　)

4. 쌓기나무 4개로 만들 수 있는 서로 다른 모양은 모두 몇 가지인가요?

(   )

5. 4가지 모양 중 2가지만을 이용하여 새로운 모양을 만들었습니다. 이용한 모양을 찾아 ○표 해 보세요.

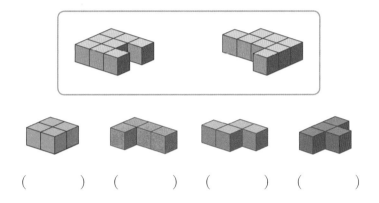

(   )   (   )   (   )   (   )

6. 쌓기나무 4개로 만들 수 있는 여러 모양 중 2가지를 이용하여 만든 것입니다. 같은 모양이더라도 사용한 모양의 종류나 위치는 다를 수 있습니다. 어떻게 만들었는지 구분하여 색칠해 보세요.

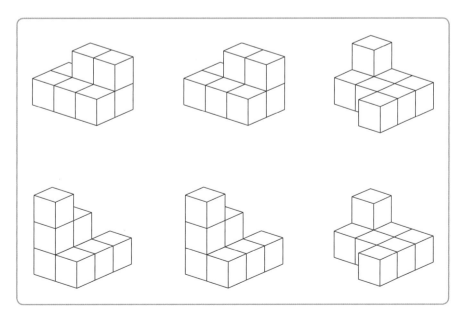

스스로 정리 쌓기나무를 쌓은 모양과 쌓기나무의 개수를 알 수 있는 여러 가지 방법을 정리해 보세요.

방법 1 위, 앞, 옆에서 본 모양 그리기

방법 2

기타

개념 연결 알맞은 내용을 써 보세요.

주제	뜻이나 성질 쓰기
위치와 방향	쌓은 모양을 위치나 방향을 이용하여 설명해 보세요. ㉠은 빨간색 왼쪽에 있습니다. ㉡ ㉢
쌓은 모양 설명하기	쌓기나무는 5개인데,

---

1 쌓기나무를 쌓은 모양과 개수를 정확히 나타내기 위해 어떤 방법을 쓸 수 있는지 친구에게 편지로 설명해 보세요.

1 쌓기나무를 쌓은 모양을 위, 앞, 옆에서 본 그림입니다. 똑같은 모양을 만들기 위해 필요한 쌓기나무의 수를 구하고 다른 사람에게 설명해 보세요.

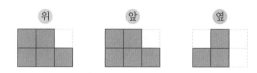

2 위에서 본 모양에 쌓기나무의 수를 적은 것입니다. 앞과 옆에서 본 모양을 그리고 쌓은 모양을 만들기 위해 필요한 쌓기나무의 개수를 구하여 다른 사람에게 설명해 보세요.

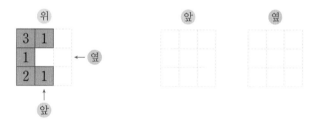

공간과 입체는
이렇게 연결돼요

 4-1
평면도형의 이동

 5-2
직육면체

 6-2
공간과 입체

 중 1
입체도형

1 쌓기나무로 쌓은 모양과 위에서 본 모양을 관계있는 것끼리 이어 보세요.

  ·   ·   ·

·   ·   ·

위에서 본 모양

3 쌓기나무로 쌓은 모양을 보고 물음에 답하세요.

(1) 쌓기나무로 쌓은 모양을 위에서 본 모양에 수를 써넣는 방법으로 나타내어 보세요.

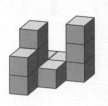

(2) 주어진 모양과 똑같이 쌓는 데 필요한 쌓기나무는 몇 개일까요?

(   )

2 쌓기나무로 쌓은 모양과 위에서 본 모양을 보고 물음에 답하세요.

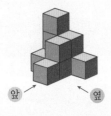 앞 옆    위에서 본 모양

(1) 앞, 옆에서 본 모양을 각각 그려 보세요.

앞   옆

(2) 주어진 모양과 똑같이 쌓는 데 필요한 쌓기나무는 몇 개일까요?

(   )

4 쌓기나무로 쌓은 모양과 1층 모양을 보고 2층과 3층 모양을 각각 그려 보세요.

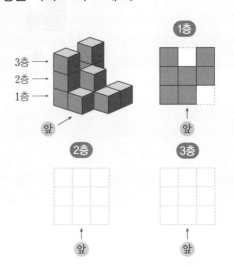

2층   3층

↑   ↑
앞   앞

5 쌀기나무 10개로 쌓은 모양입니다. 위, 앞, 옆에서 본 모양을 각각 그려 보세요.

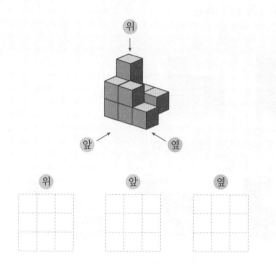

| 위 | 앞 | 옆 |

6 쌀기나무로 쌓은 모양을 위에서 본 모양에 수를 적는 방법으로 나타내었습니다. 쌓은 모양을 앞과 옆에서 본 모양을 각각 그려 보세요.

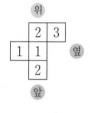

앞   옆

7 쌀기나무로 쌓은 모양을 위, 앞, 옆에서 본 모양입니다. 똑같은 모양으로 쌓는 데 필요한 쌓기나무의 개수를 구해 보세요.

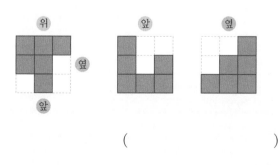

(   )

8 쌀기나무 9개로 쌓은 모양을 위와 앞에서 본 모양입니다. 옆에서 본 모양을 그려 보세요.

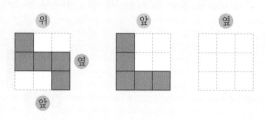

9 쌀기나무를 4개씩 붙여서 서로 다른 5가지 모양을 만들고 그중 2가지 모양을 사용하여 새로운 모양을 만들었습니다. 어떻게 만들었는지 구분하여 색칠해 보세요.

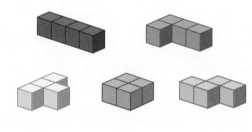

(1) 방법1   방법2

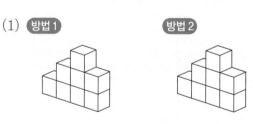

(2) 방법1   방법2

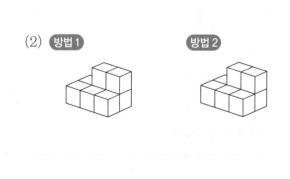

1 쌓기나무를 쌓은 모양을 위, 앞, 옆에서 본 모양입니다. 물음에 답하세요.

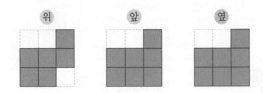

(1) 쌓기나무를 쌓은 모양이 될 수 있는 모양을 모두 찾아 ○표 해 보세요.

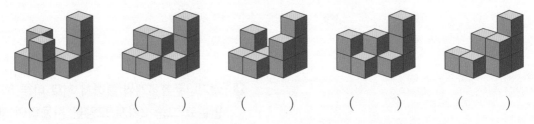

(   )   (   )   (   )   (   )   (   )

(2) 쌓기나무를 쌓은 모양이 될 수 있는 모양 중 쌓기나무가 가장 많이 필요한 경우를 찾아 위에서 본
모양에 수를 쓰는 방법으로 나타내고 필요한 쌓기나무의 수를 써 보세요.

(   )

2 조건 을 만족하는 모양을 만들려고 합니다. 쌓기나무가 가장 적게 필요한 경우를 찾아 위에서 본 모양에 수
를 쓰는 방법으로 나타내고 필요한 쌓기나무의 수를 써 보세요.

조건
- 1층에는 쌓기나무 5개가 있습니다.
- 앞에서 본 모양과 옆에서 본 모양은 모두 직사각형입니다.
- 3층짜리 모양입니다.

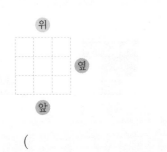

(   )

3 바다는 다음과 같은 모양으로 쌓기나무를 쌓으려고 합니다. 4층으로 쌓았을 때 필요한 쌓기나무는 몇 개인지 층별로 모양을 나타내고 필요한 쌓기나무의 수를 써 보세요.

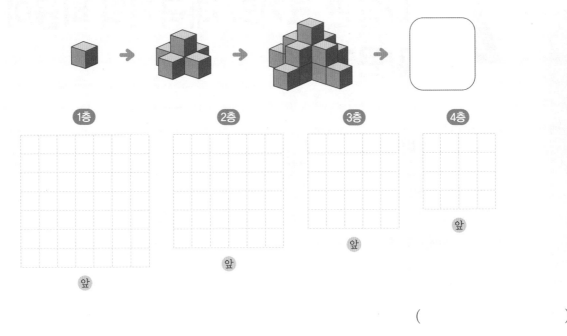

(   )

4 쌓기나무로 쌓은 모양을 층별로 나타낸 그림입니다. 쌓은 모양을 위에서 본 모양에 수를 쓰는 방법으로 나타내고, 똑같은 모양으로 쌓는 데 필요한 쌓기나무의 개수를 구해 보세요.

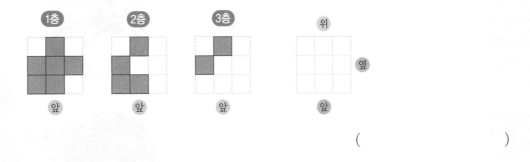

(   )

5 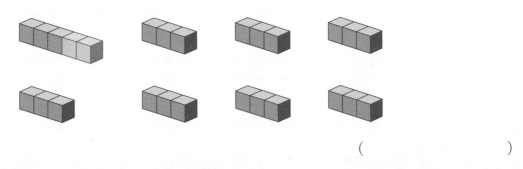 모양과   모양을 이용하여 만들 수 있는 서로 다른 1층짜리 모양을 모두 그리고 몇 가지인지 써 보세요. (단, 돌리거나 뒤집었을 때 같으면 같은 모양입니다.)

(   )

4 다양한 크기의 태극기의 비율이 같은가요?

비례식과 비례배분

★ 비의 성질과 비례식을 알 수 있어요.

★ 비례식의 성질을 이용하여 비례식을 풀 수 있어요.

★ 비례배분을 할 수 있어요.

☑ Check
스스로
다짐하기

□ 정확하고 빠른 것이 중요하지만, 왜 그런지 답할 수 있어야 해요.

□ 설명하는 글을 쓸 때 다른 사람이 읽고 이해할 수 있게 써 보세요.

□ 배운 내용을 어디에 사용할 수 있을지 생각해 보세요.

꼬리에 꼬리를 무는 개념 ✦

비와 비율
- 두 수를 비교하기
- 비의 개념을 알고, 비율을 분수, 소수로 나타내기
- 비율을 백분율로 나타내기
- 비율이 사용되는 경우 알아보기

문자와 식, 함수
- 문자와 식 사용하기
- 정비례와 반비례 알기
- 일차방정식을 세우고 해 구하기

5-1-4

6-2-4

약분과 통분
- 크기가 같은 분수 알아보기
- 분수를 약분하고 기약분수로 나타내기
- 분수 통분하기
- 분수의 크기 비교하기
- 분수와 소수의 관계 알아보기

6-1-4

비례식과 비례배분
- 비의 성질 알기
- 비례식 알기
- 비례식의 성질을 활용하여 비례식 풀기
- 비례배분하기

중1

스스로 계획 짜기 ✏️

1일차	2일차	3일차	4일차	5일차
____월 ____일	____월 ____일	____월 ____일	____월 ____일	____월 ____일

6일차	7일차	8일차
____월 ____일	____월 ____일	____월 ____일

기억 1　비 알아보기

공책 수 3권과 학생 수 2명을 비교하기 위하여 비로 나타낼 때 3 : 2라 쓰고 3 대 2라고 읽습니다.

3 : 2는 학생 수 2를 기준으로 하여 공책 수 3을 비교한 것입니다.

3 : 2는 3 대 2, 2에 대한 3의 비, 3의 2에 대한 비, 3과 2의 비라고 읽습니다.

 그림을 보고 □ 안에 알맞은 수를 써넣으세요.

(1) 호랑이 수와 사자 수의 비　　□ : □

(2) 사자 수에 대한 호랑이 수의 비　　□ : □

(3) 호랑이 수에 대한 사자 수의 비　　□ : □

 □ 안에 알맞은 수를 써넣으세요.

(1) 25와 13의 비　　□ : □

(2) 9의 4에 대한 비　　□ : □

기억 2　비율

• 기준량: 비 8 : 40에서 기호 **:**의 오른쪽에 있는 수 40

　비교하는 양: 비 8 : 40에서 기호 **:**의 왼쪽에 있는 수 8

• 비율: 기준량에 대한 비교하는 양의 크기

　　　(비율)＝(비교하는 양)÷(기준량)

　　　　　＝$\dfrac{(비교하는\ 양)}{(기준량)}$

$$8 : 40$$
비교하는 양　기준량

비 ⇨ 8 : 40

비율 ⇨ $\dfrac{8}{40}$ 또는 0.2

3 관계있는 것끼리 선으로 이어 보세요.

| 20에 대한 4의 비 | • | • $\dfrac{7}{25}$ • | • 0.2 |

| 7 대 25 | • | • $\dfrac{4}{20}$ • | • 0.3 |

| 10에 대한 3의 비 | • | • $\dfrac{3}{10}$ • | • 0.28 |

 4 밥을 짓기 위해 쌀 5컵과 물 6컵을 밥솥에 넣었습니다. □ 안에 알맞은 수를 써넣으세요.

(1) 쌀 양에 대한 물 양의 비율 ⇨ ☐

(2) 물 양에 대한 쌀 양의 비율 ⇨ ☐

기억**3** 백분율

• 백분율: 기준량을 100으로 할 때의 비율로 기호 **%**를 사용하여 나타냅니다.

비율 $\dfrac{85}{100}$ ⇨ **쓰기** 85 % **읽기** 85퍼센트

---

 5 과수원에 사과나무가 125그루, 배나무가 75그루 있습니다. 물음에 답하세요.

(1) 전체 나무 수에 대한 사과나무 수의 비율은 몇 %인가요?

(   )

(2) 전체 나무 수에 대한 배나무 수의 비율은 몇 %인가요?

(   )

6 빈칸에 알맞은 수를 써넣으세요.

백분율	분수	소수
	$\dfrac{9}{20}$	
145 %		

깃발의 크기가 달라지면 비율도 달라지나요?

1 산, 바다, 하늘, 강이는 깃발 만들기 체험 행사에 참가했습니다. 각자 기본 깃발의 크기를 바꾸어 깃발 만들기를 하려고 해요.

산: 처음 깃발의 가로와 세로에 각각 8 cm를 더해서 만들어야지.

바다: 나는 가로와 세로에서 각각 12 cm를 빼서 만들어 보려고 하는데.

하늘: 나는 가로와 세로에 각각 3을 곱해서 만들어 볼 거야.

강: 나는 가로와 세로를 각각 4로 나누어서 만들려고 해.

40 cm

24 cm

(1) 산, 바다, 하늘, 강이가 만든 깃발의 가로와 세로의 길이를 각각 구하고, 가로와 세로의 비를 써 보세요.

	처음 깃발	산	바다	하늘	강
가로(cm)	24				
세로(cm)	40				
(가로) : (세로)	24 : 40				

(2) 깃발의 세로의 길이에 대한 가로의 길이의 비율을 구해 표를 완성해 보세요.

		처음 깃발	산	바다	하늘	강
(가로) : (세로)의 비율	분수	$\dfrac{24}{40}$				
	기약분수					

(3) 깃발의 세로의 길이에 대한 가로의 길이의 비율을 비교하여 알게 된 점을 써 보세요.

2 어느 식당에서는 꿀과 물을 4000 mL와 18000 mL의 비로 섞어 매일 일정한 비율로 꿀물을 만들어요.

(1) 산이는 다음과 같이 꿀의 양과 물의 양을 각각 200으로 나누어 비를 구했습니다. ☐ 안에 알맞은 수를 써넣으세요.

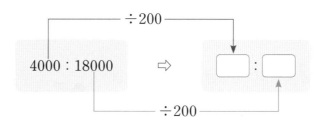

(2) 하늘이는 다음과 같이 꿀의 양과 물의 양에 각각 30을 곱하여 비를 구했습니다. ☐ 안에 알맞은 수를 써넣으세요.

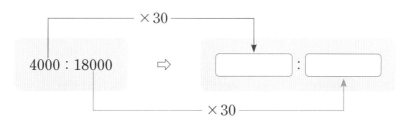

(3) 꿀물을 만들기 위해 사용한 꿀의 양과 물의 양의 비를 쓰고, 비율을 구해 보세요.

	꿀의 양과 물의 양의 비	비율
식당	4000 : 18000	
산		
하늘		

(4) 위의 활동을 통해 알 수 있는 것을 써 보세요.

비의 성질

> **개념 정리** | 전항, 후항
>
> 비 5 : 7에서 기호 : 앞에 있는 5를 전항, 뒤에 있는 7을 후항이라고 합니다.

1 산이네 학교 6학년 학생들이 남학생 2명, 여학생 3명으로 한 팀을 만들어 대장공 놀이 대회를 하려고 합니다. 물음에 답하세요.

(1) □ 안에 알맞은 말을 써넣으세요.

· 한 팀의 남학생 수와 여학생 수의 비는 □ : □ 이고, 전항은 □, 후항은 □ 입니다.

· 한 팀의 여학생 수와 남학생 수의 비는 □ : □ 이고, 전항은 □, 후항은 □ 입니다.

(2) 대장공 놀이 대회에 4팀이 참가했을 때 남학생 수와 여학생 수의 비를 구해 보세요.

(   )

(3) 대장공 놀이 대회에 12팀이 참가했을 때 남학생 수와 여학생 수의 비를 구해 보세요.

(   )

(4) 표를 완성하고 대장공 놀이 대회에 참가한 남학생 수와 여학생 수의 비율을 구해 보세요.

	남학생 수와 여학생 수의 비	비율
1팀일 때		
4팀일 때		
12팀일 때		

(5) 위의 활동으로 알게 된 점을 써 보세요.

2 강이는 친구들과 자전거 전용 도로에서 자전거를 타고 있습니다. 자전거를 타고 같은 빠르기로 1600 m를 가는 데 400초가 걸렸습니다. 물음에 답하세요.

(1) ☐ 안에 알맞은 말을 써넣으세요.

• 자전거를 타고 간 거리와 걸린 시간의 비는 ☐ : ☐ 이고, 전항은 ☐, 후항은 ☐ 입니다.

• 자전거를 탄 시간과 간 거리의 비는 ☐ : ☐ 이고, 전항은 ☐, 후항은 ☐ 입니다.

(2) 자전거를 타고 간 거리와 걸린 시간의 비에서 전항과 후항을 4로 나누었을 때의 비와 전항과 후항을 80으로 나누었을 때의 비를 구해 보세요.

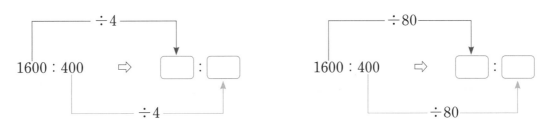

(3) (2)에서 구한 비의 비율과 1600 : 400의 비율을 비교하고 알게 된 점을 써 보세요.

개념 정리 | 비의 성질

• 비의 전항과 후항에 0이 아닌 같은 수를 곱하여도 비율은 같습니다.
• 비의 전항과 후항을 0이 아닌 같은 수로 나누어도 비율은 같습니다.

간단한 자연수의 비로 나타내기

1 산이는 미술 시간에 클레이로 동물 만들기를 했습니다. 준비한 클레이 전체의 $\frac{3}{8}$으로 동물의 머리를 만들고, $\frac{3}{5}$으로는 몸통을 만들었습니다. 물음에 답하세요.

(1) 동물의 머리와 몸통을 만드는 데 사용한 클레이의 비를 나타내어 보세요.

(2) 산이는 다음과 같이 분수의 비를 자연수의 비로 나타내었습니다. ☐ 안에 알맞은 수를 써넣고, 비의 어떤 성질이 이용되었는지 설명해 보세요.

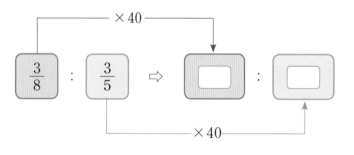

이용된 비의 성질 :

(3) 바다는 산이가 위에서 나타낸 자연수의 비를 간단한 자연수의 비로 나타내었습니다. ☐ 안에 알맞은 수를 써넣고, 비의 어떤 성질이 이용되었는지 설명해 보세요.

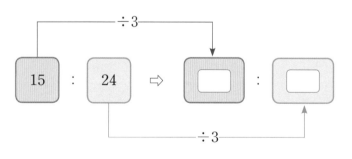

이용된 비의 성질 :

(4) (2)와 (3)에서 산이와 바다의 방법을 통해 알게 된 것을 다음과 같이 정리해 보세요.

$\frac{3}{8} : \frac{3}{5}$ 을 간단한 자연수의 비로 나타내면 ☐ : ☐ 입니다.

 2 바다의 집에서 학교까지 거리는 1.4 km이고, 어머니의 회사까지 거리는 6.3 km입니다. 물음에 답하세요.

(1) 바다의 집에서 학교까지 거리와 어머니의 회사까지 거리를 비로 나타내어 보세요.

(2) (1)에서 나타낸 비를 비의 성질을 이용하여 간단한 자연수의 비로 나타내어 보세요.

 3 $2.3 : 2\frac{1}{2}$을 간단한 자연수의 비로 나타내어 보세요.

나는 비의 후항을 소수로 바꾸어서 나타내어 볼래.

강

나는 비의 전항을 분수로 바꾸어서 나타내어 볼게.

하늘

(1) 강이의 방법을 이용하여 간단한 자연수의 비로 나타내어 보세요.

(2) 하늘이의 방법을 이용하여 간단한 자연수의 비로 나타내어 보세요.

개념 정리 비를 간단한 자연수의 비로 나타내는 방법

- (소수) : (소수) ─ 소수점 아래 자릿수에 따라 전항과 후항에 10, 100, 1000······을 곱합니다.
- (분수) : (분수) ─ 전항과 후항에 분모의 최소공배수를 곱합니다.
- (자연수) : (자연수) ─ 전항과 후항을 자연수의 최대공약수로 나눕니다.

태극기의 크기가 달라도 비율은 같은가요?

1 산이는 2002년 한일 월드컵 응원전에 가로 60 m, 세로 40 m 길이의 대형 태극기가 사용되었다는 것을 뉴스에서 보고 여러 곳에 게양된 태극기의 가로와 세로의 길이를 조사하여 다음과 같이 정리했습니다. 물음에 답하세요.

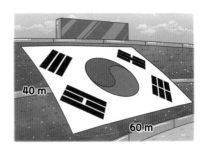

- 산이네 학교에는 가로가 153 cm, 세로가 102 cm인 태극기가 게양되어 있습니다.
- 산이네 집에 있는 태극기는 가로가 90 cm, 세로가 60 cm입니다.
- 버스 창문에 걸려 있는 휴대용 태극기는 가로가 45 cm, 세로가 30 cm입니다.

(1) 태극기의 가로와 세로의 비와 비율을 구해 보세요.

	가로와 세로의 비	비율
월드컵 응원전의 태극기		
학교에 게양된 태극기		
집에 있는 태극기		
휴대용 태극기		

(2) (1)에서 비율을 구하고 알게 된 점을 써 보세요.

(3) 산이는 태극기를 만들기 위해 종이를 가로 27 cm, 세로 18 cm인 직사각형으로 잘랐습니다. 이 종이의 가로와 세로의 비율을 (1)에서 구한 태극기의 가로와 세로의 비율과 비교해 보세요.

2 바다와 하늘이의 대화를 보고 물음에 답하세요.

(1) 산이는 바다와 하늘이의 대화에서 알 수 있는 내용을 비를 이용하여 다음과 같이 정리했습니다. ☐ 안에 알맞은 수를 써넣으세요.

> 바다가 한 말에서 복사기로 복사할 수 있는 장수와 시간의 비는 ☐ : ☐ 이고
>
> 하늘이가 한 말에서 복사기로 복사할 수 있는 장수와 시간의 비는 ☐ : ☐ 입니다.

(2) 바다가 말한 비와 하늘이가 말한 비의 비율을 각각 구해 보세요.

(3) (2)에서 구한 비율을 비교하고 알게 된 점을 써 보세요.

(4) 비율이 같은 비가 되도록 ☐ 안에 알맞은 연산 기호와 수를 써넣으세요.

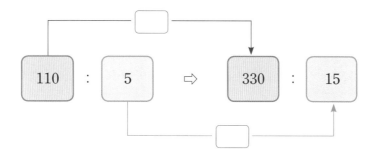

(5) 770장을 복사하는 데 걸리는 시간을 구하고 방법을 설명해 보세요.

비례식의 뜻

개념 정리 | 비례식

- 비례식: 비율이 같은 두 비를 기호 ＝를 사용하여 나타낸 식
- 외항: 비례식 2 : 3＝6 : 9에서 바깥쪽에 있는 2와 9
- 내항: 비례식 2 : 3＝6 : 9에서 안쪽에 있는 3과 6

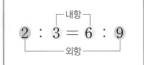

1 바다는 비가 적혀 있는 6개의 카드를 가지고 있습니다. 물음에 답하세요.

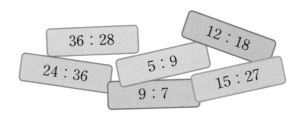

(1) 각각의 비율을 구해 보세요.

비	36 : 28	5 : 9	12 : 18	24 : 36	9 : 7	15 : 27
비율						

(2) 비율이 같은 비를 비례식으로 나타내어 보세요.

(3) 바다는 다음과 같이 정리했습니다. □ 안에 알맞은 수를 써넣으세요.

36 : 28과 비율이 같은 비는 □ : □ 입니다.

비례식으로 나타내면 36 : 28＝□ : □ 입니다.

비례식에서 내항은 (□, □) 이고, 외항은 (□, □)입니다.

2 비례식의 성질을 알아보세요.

(1) 4 : 5의 전항과 후항에 3을 곱하여도 비율이 같습니다. ☐ 안에 알맞은 수를 써넣으세요.

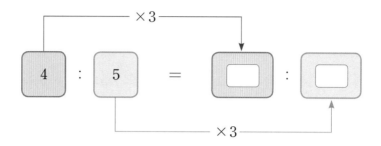

(2) (1)에서 완성한 비례식에서 외항과 내항을 찾아 써 보세요.

(3) 18 : 81의 전항과 후항을 9로 나누어도 비율이 같습니다. ☐ 안에 알맞은 수를 써넣으세요.

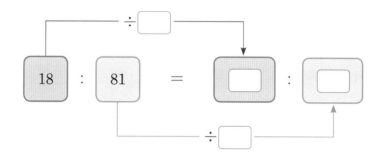

(4) (3)에서 완성한 비례식에서 외항과 내항을 찾아 써 보세요.

3 비율이 같은 두 비를 모두 찾아 비례식으로 나타내어 보세요.

$$5 : 3 \qquad 3 : 4 \qquad 12 : 15 \qquad 1.5 : 0.9 \qquad \frac{1}{4} : \frac{1}{3}$$

비례식의 성질

 고추장 만들기 체험장에서는 고춧가루와 찹쌀가루를 3 : 4의 비로 섞어 고추장을 만듭니다. 하늘이는 고춧가루 750 g과 찹쌀가루 1000 g을 섞어 고추장을 만들었습니다. 물음에 답하세요.

(1) 체험장에서 만드는 고추장의 고춧가루와 찹쌀가루의 비와 하늘이가 만든 고추장의 고춧가루와 찹쌀가루의 비를 비례식으로 나타내어 보세요.

(2) 비례식에서 외항의 곱과 내항의 곱을 각각 구해 보세요.

외항의 곱 (   ),   내항의 곱 (   )

(3) 비례식에서 외항의 곱과 내항의 곱을 비교하여 알게 된 점을 써 보세요.

 비례식에서 외항의 곱과 내항의 곱을 비교해 보세요.

(1) 3 : 7＝9 : 21에서 외항의 곱과 내항의 곱을 구하여 비교해 보세요.

(2) 4 : 10＝6 : 15에서 외항의 곱과 내항의 곱을 구하여 비교해 보세요.

(3) 0.6 : 1.5＝2 : 5에서 외항의 곱과 내항의 곱을 구하여 비교해 보세요.

개념 정리 비례식의 성질

비례식에서 외항의 곱과 내항의 곱은 같습니다.

3 산이네 학교 운동장은 직사각형 모양이고 가로와 세로의 비는 6 : 8입니다. 운동장의 가로가 48 m 일 때 세로는 몇 m인지 알아보세요.

(1) 운동장의 세로의 길이를 □m라 하고 비례식을 세워 보세요.

(2) 비례식에서 외항의 곱을 곱셈식으로 나타내어 보세요.

(3) 비례식에서 내항의 곱을 곱셈식으로 나타내어 보세요.

(4) 비례식에서 외항의 곱과 내항의 곱이 같음을 이용하여 □의 값을 구해 보세요.

(5) 비례식의 뜻을 이용하여 운동장의 세로의 길이를 구해 보세요.

4 비례식이면 ○표, 비례식이 아니면 ×표 하고 이유를 써 보세요.

(1)
$$4 : 9 = 14 : 19$$
(   ) 이유 _____

(2)
$$18 : 12 = 3 : 2$$
(   ) 이유 _____

(3)
$$14 : 49 = 7 : 2$$
(   ) 이유 _____

(4)
$$54 : 45 = 6 : 5$$
(   ) 이유 _____

비례식을 이용한 문제 해결

1 강이는 어머니와 함께 빵을 만들기로 했습니다. 빵을 4개 만들 때 달걀은 6개를 사용합니다. 물음에 답하세요.

(1) 수직선에서 □ 안에 알맞은 연산 기호와 수를 써넣고, 빵을 16개 만들려면 달걀이 몇 개 필요한지 구해 보세요.

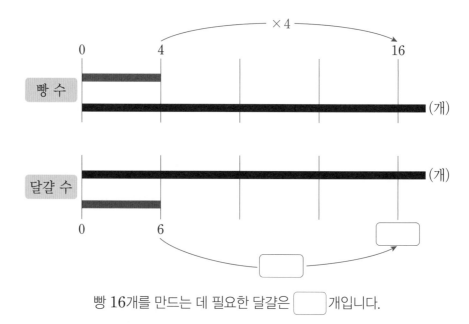

빵 16개를 만드는 데 필요한 달걀은 [　]개입니다.

(2) 빵을 26개 만들기 위해 필요한 달걀은 몇 개인지 구해 보세요.

(3) 비례식을 세워 달걀 69개로 만들 수 있는 빵의 개수를 구해 보세요.

2 염전에서 바닷물을 증발시켜 소금 20 kg을 얻으려면 바닷물 500 L가 필요합니다. 소금 360 kg을 얻으려면 바닷물 몇 L가 필요한지 알아보세요.

(1) 비의 전항과 후항에 0이 아닌 같은 수를 곱하거나 나누어도 비율은 일정합니다. 이를 이용하여 문제를 해결해 보세요.

(2) 비례식에서 외항의 곱과 내항의 곱은 같습니다. 이를 이용하여 문제를 해결해 보세요.

3 김밥을 만들 때 밥은 4인 가족 기준으로 800 g이 필요합니다. 7명이 먹을 김밥을 만들려면 밥은 몇 g을 준비해야 하는지 알아보세요.

(1) 준비해야 하는 밥의 양을 ☐ g이라 하고, 비례식을 세워 보세요.

(2) 7명이 먹을 김밥을 만들기 위해 준비해야 하는 밥의 양을 구하고 어떤 방법으로 구했는지 써 보세요.

개념 정리 비례식을 이용하여 문제 해결하는 방법

① 구하려고 하는 것을 ☐라 합니다.

② ☐를 이용하여 조건에 맞게 비례식을 세웁니다.

③ 비례식의 뜻이나 성질을 이용하여 ☐의 값을 구합니다.

④ 단위를 사용하여 답을 나타냅니다.

쿠키를 몇 개씩 나누어 가질 수 있나요?

 바다와 하늘이는 쿠키 만들기 체험에서 만든 쿠키를 나누어 가지려고 해요.

(1) 바다와 하늘이가 나누어 가지는 쿠키 수의 비가 3 : 2가 되는 다양한 상황을 만들어 보세요.

바다의 쿠키 수	3	6			
하늘이의 쿠키 수	2	4			
전체 쿠키 수	5	10			

(2) 바다와 하늘이가 쿠키 20개를 3 : 2의 비로 나누어 가지면 각각 몇 개씩 가지게 되나요?

(3) 산이는 바다와 하늘이가 쿠키 30개를 3 : 2로 나누어 가지려면 각각 전체의 $\frac{3}{5}$과 전체의 $\frac{2}{5}$를 가지면 된다고 말했습니다. 산이의 말이 맞는지 틀린지 설명해 보세요.

2 산이와 강이는 체육 수업을 마치고 체육관 바닥에
놓인 컬러콘을 나누어 모으려고 해요.

(1) 산이와 강이가 컬러콘을 9 : 8로 나누어 모으면 각자 몇 개씩 모으게 되는지 다양한 상황
을 만들고 ☐ 안에 알맞은 수를 써넣으세요.

산이가 모은 컬러콘 수	9			
강이가 모은 컬러콘 수	8			
전체 컬러콘 수	17			

컬러콘이 모두 51개일 때,

산이가 모은 컬러콘은 ☐ 개이고, 전체의 ☐ 입니다.

강이가 모은 컬러콘은 ☐ 개이고, 전체의 ☐ 입니다.

(2) 산이와 강이가 컬러콘을 4 : 5로 나누어 모으면 각각 몇 개씩 모으게 되는지 다양한 상황
을 만들고 ☐ 안에 알맞은 수를 써넣으세요.

산이가 모은 컬러콘 수	4			
강이가 모은 컬러콘 수	5			
전체 컬러콘 수	9			

컬러콘이 모두 54개일 때,

산이가 모은 컬러콘은 ☐ 개이고, 전체의 ☐ 입니다.

강이가 모은 컬러콘은 ☐ 개이고, 전체의 ☐ 입니다.

비례배분하기

1 바다와 하늘이는 사과 따기 체험에서 딴 사과 28개를 3 : 4로 나누어 가지려고 합니다. 사과를 어떻게 나누어 가져야 하는지 알아보세요.

(1) 바다와 하늘이가 사과를 각각 몇 개씩 가져야 하는지 그림을 이용하여 설명해 보세요.

(2) 바다와 하늘이가 각각 가지게 되는 사과의 수는 전체의 몇 분의 몇인지 □ 안에 알맞은 수를 써넣으세요.

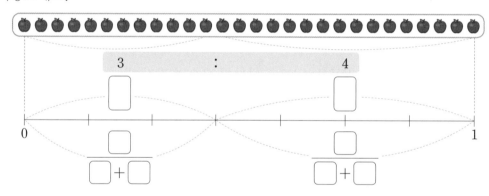

개념 정리 비례배분

• 비례배분: 전체를 주어진 비로 배분하는 것

• 비례배분을 할 때 비를 주어진 비의 전항과 후항의 합을 분모로 하는 분수의 비로 고쳐서 계산하면 편리합니다.

• 전체 ■를 가 : 나=○ : △로 비례배분하면

$$가 = ■ × \frac{○}{○+△} \qquad 나 = ■ × \frac{△}{○+△}$$

106

2 바다와 하늘이가 귤 26개를 8 : 5로 나누어 가지려고 합니다. 물음에 답하세요.

(1) 바다와 하늘이가 각각 가지게 되는 귤의 수는 전체의 몇 분의 몇인지 ☐ 안에 알맞은 수를 써넣으세요.

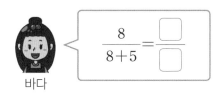

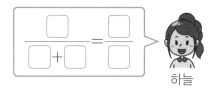

(2) 바다와 하늘이는 귤을 각각 몇 개씩 나누어 가질까요?

바다 (   ), 하늘 (   )

(3) 바다와 하늘이가 나누어 가지는 귤의 수의 합은 전체 귤의 수와 같은가요?

(   )

3 산이와 강이는 팬케이크 반죽 900 g을 7 : 8로 나누어 곰 팬케이크와 물고기 팬케이크를 만들려고 합니다. 물음에 답하세요.

(1) 팬케이크를 만드는 데 사용하는 반죽의 양에 대한 산이와 강이의 설명을 보고 ☐ 안에 알맞은 수를 써넣으세요.

곰 팬케이크를 만드는 데 필요한 반죽의 양은 전체 반죽의 $\frac{7}{15}$이므로 $900 \times \frac{7}{15} =$ ☐ 입니다. 따라서 곰 팬케이크를 만드는 데 필요한 반죽의 양은 ☐ g입니다.

산

물고기 팬케이크를 만드는 데 필요한 반죽의 양을 ▲ g이라 하면 $15 : 8 = 900 : ▲$이고 $900 = 15 \times 60$이므로 $▲ = 8 \times 60$입니다. 따라서 물고기 팬케이크를 만드는 데 필요한 반죽의 양은 ☐ g입니다.

강

(2) 두 사람의 해결 방법을 비교해 보세요.

비례식과 비례배분

스스로 정리 비례식과 비례배분에 대하여 물음에 답하세요.

1 비례식의 뜻과 성질을 정리해 보세요.

2 10을 3 : 2로 비례배분하는 방법을 써 보세요.

개념 연결 성질이나 뜻을 써 보세요.

주제	뜻이나 성질 쓰기
분수의 성질	
비율의 뜻과 성질	

---

1 비의 성질을 분수의 성질과 연결하여 친구에게 편지로 설명해 보세요.

1 20분을 충전하면 72 km를 달릴 수 있는 전기 자동차가 있습니다. 전기 자동차가 216 km를 달리는 데 필요한 충전 시간을 구하고 다른 사람에게 설명해 보세요.

2 바다와 강이가 공책 36권을 2 : 7의 비로 나누어 가지려고 합니다. 각각 가지게 되는 공책의 수를 구하고 그 방법을 다른 사람에게 설명해 보세요.

비례식과 비례배분은
이렇게 연결돼요 ✎

 6-1
비와 비율

 6-2
비례식과 비례배분

 중1
정비례와 반비례

 중2
일차방정식과
일차함수

1 비를 보고 전항과 후항을 찾아 써 보세요.

$$12 : 17$$

전항 (   )

후항 (   )

2 □ 안에 알맞은 수를 써넣으세요.

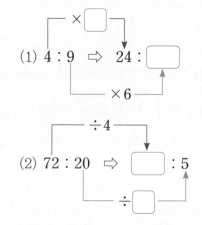

(1) $4 : 9 \Rightarrow 24 : \square$ ×□ ... ×6

(2) $72 : 20 \Rightarrow \square : 5$ ÷4 ... ÷□

3 간단한 자연수의 비로 나타내어 보세요.

(1) $0.7 : 1.5$

(2) $\dfrac{2}{5} : \dfrac{5}{7}$

(3) $16 : 24$

4 비율이 같은 비를 보기 에서 찾아 비례식으로 나타내어 보세요.

보기
$$14 : 18 \qquad 6 : 2 \qquad 9 : 2 \qquad 7 : 3$$

(1) $3 : 1 = $ _____

(2) $7 : 9 = $ _____

(3) $49 : 21 = $ _____

5 비례식의 성질을 이용하여 □ 안에 알맞은 수를 써넣으세요.

(1) $6 : 7 = 54 : \square$

(2) $84 : 24 = \square : 2$

(3) $\square : 5 = 56 : 40$

6 비례식이면 ○표, 비례식이 아니면 ×표 하고 이유를 써 보세요.

(1)
$$5 : 7 = 25 : 27$$
(   )

이유 _____

(2)
$$4.8 : 7 = 24 : 35$$
(   )

이유 _____

7 염전에서 소금 30 kg을 얻으려면 바닷물 750 L가 필요합니다. 소금 12 kg을 얻으려면 바닷물 몇 L가 필요할까요?

(   )

8 강이와 하늘이가 빵 48개를 7 : 9로 나누어 가지려고 합니다. 강이와 하늘이는 빵을 몇 개씩 가져야 할까요?

(   )

9 요구르트 40병은 6000원입니다. 요구르트 8병을 사려면 얼마가 필요할까요?

(   )

10 밑변과 높이의 비가 6 : 5인 삼각형이 있습니다. 밑변이 24 cm일 때 삼각형의 넓이를 구해 보세요.

(   )

11 비례식에서 내항의 곱이 180이 되도록 ☐ 안에 알맞은 수를 써넣으세요.

$$\boxed{} : 12 = \boxed{} : 20$$

12 고속도로에서 승용차가 일정한 빠르기로 144 km를 이동하는 데 1시간 30분이 걸렸습니다. 같은 빠르기로 2시간 30분 동안 이동하면 몇 km를 가는지 구해 보세요.

(   )

13 전항과 후항의 차가 20이고, 간단한 자연수의 비로 나타내면 3 : 7이 되는 비를 구해 보세요.

(   )

14 어느 농장에서 고구마를 수확하여 전체의 60 %를 팔았습니다. 팔고 남은 고구마의 양이 120 kg일 때, 판 고구마의 양은 몇 kg인지 구해 보세요.

(   )

1 하늘이네 외할머니는 찹쌀가루와 고춧가루를 6 : 7로 섞어 직접 고추장을 만드십니다. 찹쌀가루를 4.2 kg 넣으면 고춧가루는 몇 kg을 넣어야 할까요?

( )

2 바다네 학교 전체 학생 수는 1029명이고, 남학생 수와 여학생 수의 비는 9 : 12입니다. 바다네 학교 여학생 수는 몇 명인지 구해 보세요.

( )

3 산이는 강이와 함께 자전거를 타고 축구장에 다녀왔습니다. 학교에서 출발하여 도서관을 거쳐 축구장에 가서 축구를 하고, 돌아올 때는 축구장에서 곧장 학교로 왔습니다. 산이와 강이가 이동한 거리는 몇 km인지 구해 보세요.

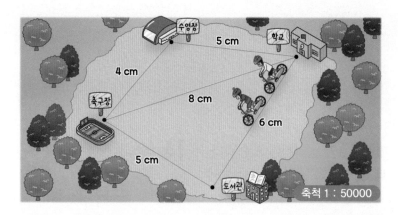

( )

4 하늘이네 교실의 시계는 하루에 2분씩 느려진다고 합니다. 이번 주 금요일 오후 3시에 시계의 시각을 정확히 맞추어 놓았다면 다음주 금요일 오전 3시에는 시계가 오전 몇 시 몇 분을 가리키고 있을지 구해 보세요.

풀이

(   )

5 바다네 할아버지 댁에서는 직육면체 모양의 뒤주에 쌀을 보관합니다. 쌀이 들어가는 공간의 높이는 50 cm이고 지금 뒤주에는 쌀이 35 cm만큼 들어 있습니다. 쌀을 30 kg 더 넣으면 뒤주가 가득 찬다고 할 때 뒤주에 들어 있는 쌀은 몇 kg인지 구해 보세요.

50 cm
35 cm

풀이

(   )

6 하늘이와 바다는 진로 현장 학습에서 창업 체험에 참여했습니다. 각각 120만 원, 180만 원을 투자하여 얻은 이익금을 투자한 금액의 비로 나누어 가졌을 때 하늘이가 받은 이익금이 36만 원이었다면 두 사람이 얻은 전체 이익금은 얼마인지 구해 보세요.

풀이

(   )

5 원의 넓이는 얼마쯤일까요?

원의 넓이

★ 원주와 지름의 관계를 통해 원주율을 알 수 있어요.
★ 원주율을 이용하여 원주와 지름을 구할 수 있어요.
★ 원의 넓이를 구할 수 있어요.

꼬리에 꼬리를 무는 개념 ✦

소수의 나눗셈
- (소수)÷(소수)의 계산하기
- 나눗셈의 몫을 반올림하여 나타내기
- 나누어 주고 남은 양 계산하기

원기둥, 원뿔, 구
- 원기둥, 원뿔, 구를 이해하고 구분하기
- 원기둥, 원뿔, 구의 구성 요소와 성질 말하기
- 원기둥의 전개도를 이해하고 바르게 그리기

5-2-4

6-2-5

소수의 곱셈
- (소수)×(자연수), (자연수)×(소수), (소수)×(소수)의 계산 원리를 이해하고 계산하기
- 소수의 곱셈에서 곱의 소수점 위치 변화의 원리를 이해하고 계산하기

6-2-2

원의 넓이
- 원주와 지름의 관계 알기
- 원주율 알기
- 원주와 지름 구하기
- 원의 넓이를 어림하고 구하기

6-2-6

스스로 계획 짜기 ✏️

1일차	2일차	3일차	4일차	5일차
____월 ____일	____월 ____일	____월 ____일	____월 ____일	____월 ____일

6일차
____월 ____일

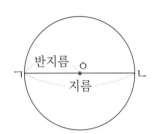

기억 1 원의 지름과 반지름

- 원의 반지름: 원의 중심 ㅇ과 원 위의 한 점을 이은 선분
- 원의 지름: 원의 중심 ㅇㄱ을 지나는 선분
- 지름과 반지름의 성질

  ㉠ 한 원에서 반지름은 모두 같습니다.

  ㉡ 한 원에서 지름은 모두 같습니다.

  ㉢ 한 원에서 지름은 반지름의 2배입니다.

 □ 안에 알맞은 말을 써넣으세요.

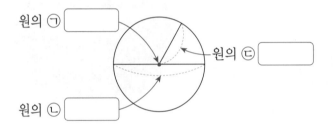

원의 ㉠ ☐

원의 ㉢ ☐

원의 ㉡ ☐

2 원의 지름과 반지름을 각각 구해 보세요.

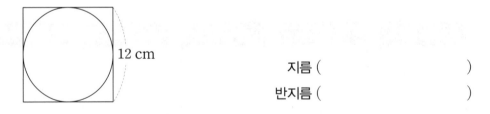

12 cm

지름 (   )

반지름 (   )

3 사각형 ㄱㄴㄷㄹ의 둘레를 구해 보세요.

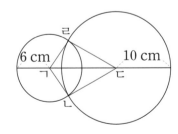

6 cm   10 cm

(   )

기억 2 사각형의 둘레와 넓이

사각형의 둘레	사각형의 넓이

• (정사각형의 둘레)＝(한 변의 길이)×4
• (직사각형의 둘레)＝(가로＋세로)×2
• (평행사변형의 둘레)
  ＝(한 변의 길이＋이웃한 변의 길이)×2
• (마름모의 둘레)＝(한 변의 길이)×4
	• (직사각형의 넓이)＝(가로)×(세로)
	• (평행사변형의 넓이)＝(밑변의 길이)×(높이)
	• (삼각형의 넓이)＝(밑변의 길이)×(높이)÷2
	• (마름모의 넓이)
	  ＝(한 대각선의 길이)×(다른 대각선의 길이)÷2

 4. 직사각형의 둘레를 구해 보세요.

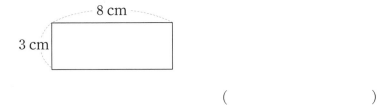

(   )

 5. 도형의 넓이를 구해 보세요.

(1)   (2)

(   )   (   )

기억 3 소수의 곱셈, 나눗셈

• 소수의 곱셈은 자연수의 곱을 먼저 하고 소수점을 찍습니다.

• 소수의 나눗셈은 나누는 수와 나누어지는 수의 소수점을 오른쪽으로 옮겨 계산할 수 있습니다.

 6. 계산해 보세요.

(1) 14×3.25 (2) $4 \times 2 \times 3.5$

(3) $31.05 \div 9$ (4) $34.43 \div 11$

어떤 길이 가장 빠른가요?

1 강, 바다, 하늘이는 학교 놀이터에서 달리기를 하고 있습니다. 강이는 정사각형 모양의 길, 바다는 원 모양의 길, 하늘이는 정육각형 모양의 길을 따라 달릴 때 물음에 답하세요.

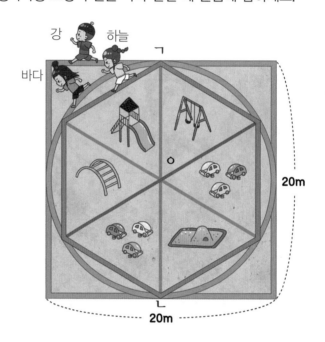

(1) 강, 바다, 하늘이가 점 ㄱ에서 출발하여 같은 빠르기로 달리기를 한다면 한 바퀴를 돌아 다시 점 ㄱ에 도착하는 순서대로 이름을 써 보세요.

(   )

(2) 강이와 하늘이가 한 바퀴를 돌았을 때 달린 거리를 각각 구하고, 달린 거리가 선분 ㄱㄴ의 길이의 몇 배인지 써 보세요.

강 (,   배), **하늘** (,   배)

(3) 바다가 한 바퀴를 돌았을 때 달린 거리가 선분 ㄱㄴ의 몇 배쯤인지 (2)를 이용하여 써 보세요.

2 하늘이는 컴퍼스로 지름이 각각 3 cm, 8 cm, 10 cm인 원을 그렸습니다. 물음에 답하세요.

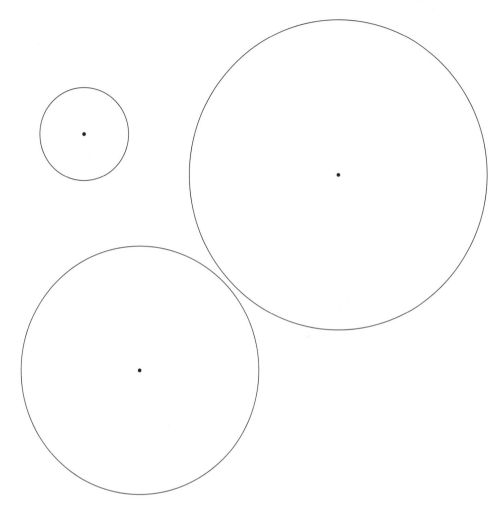

(1) 각각의 원에 지름을 표시해 보세요.

(2) 문제 **1**의 결과를 이용하여 각각의 원의 둘레를 예상하고 그 이유를 설명해 보세요.

원주와 원주율

개념 정리 | 원주

원주: 원의 둘레

---

1 바다는 종이컵의 제품 설명서에서 위와 아래의 원의 지름이 각각 7 cm, 5 cm인 것을 보고 줄자를 이용해 위와 아래의 원의 둘레를 확인해 보았어요.

(1) 종이컵의 위와 아래의 원의 둘레를 알아보는 방법을 설명해 보세요.

(2) 종이컵의 위와 아래의 원의 둘레와 지름의 관계를 알아보기 위해 빈칸에 알맞은 수를 써넣으세요.

	둘레(cm)	지름(cm)	(둘레)÷(지름)
종이컵 위의 원			
종이컵 아래의 원			

(3) 원의 지름과 둘레 사이에 어떤 관계가 있는지 설명해 보세요.

개념 정리 원주율

- 원주율: 원의 지름에 대한 원주의 비율

$$(원주율) = (원주) \div (지름)$$

- 원주율은 원의 크기와 관계없이 일정합니다.
- 원주율을 소수로 나타내면 3.1415926535897932……와 같이 끝없이 이어집니다.
- 원주율은 필요에 따라 3, 3.1, 3.14 등으로 어림하여 사용합니다.

2 친구들의 이야기를 보고 표를 완성해 보세요. (준비물: 계산기)

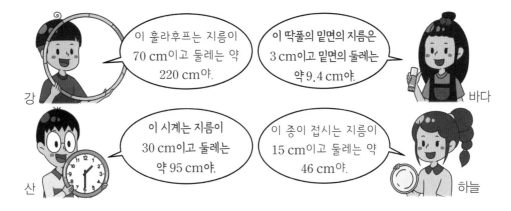

강: 이 훌라후프는 지름이 70 cm이고 둘레는 약 220 cm야.

바다: 이 딱풀의 밑면의 지름은 3 cm이고 밑면의 둘레는 약 9.4 cm야.

산: 이 시계는 지름이 30 cm이고 둘레는 약 95 cm야.

하늘: 이 종이 접시는 지름이 15 cm이고 둘레는 약 46 cm야.

물건	원주 (cm)	지름 (cm)	(원주)÷(지름)	원주율 반올림하여 일의 자리까지	원주율 반올림하여 소수 첫째 자리까지	원주율 반올림하여 소수 둘째 자리까지
훌라후프						
딱풀						
시계						
종이 접시						

3 원의 지름에 대한 원주의 비율을 원주율이라고 합니다. 물음에 답하세요.

(1) 원의 지름이 길어지거나 짧아지면 원주는 어떻게 되나요?

(2) 원의 크기가 달라지면 원주율은 어떻게 되나요?

원주와 지름 구하기

1 하늘이는 집에 있는 원형 거울의 둘레에 색깔이 다른 마스킹테이프를 딱 맞게 감싸 붙이려고 합니다. 물음에 답하세요.

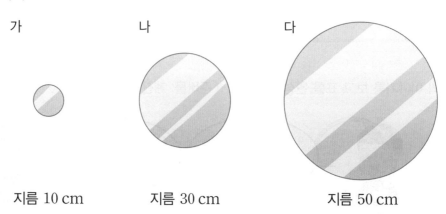

가
지름 10 cm

나
지름 30 cm

다
지름 50 cm

(1) 마스킹테이프가 가장 많이 필요한 거울은 어느 것일까요? 그렇게 생각한 이유는 무엇인가요?

(2) 지름을 알고 있을 때 원주는 어떻게 구할 수 있는지 설명해 보세요.

(3) 원형 거울의 지름을 이용하여 원주를 구해 보세요. (원주율: 3.14)

원형 거울	지름(cm)	원주(cm)
가		
나		
다		

(4) 원형 거울의 둘레에 붙이기 위한 마스킹테이프의 길이는 각각 얼마인가요?

가 (   ) 나 (   ) 다 (   )

(5) 지름이 60 cm인 원형 거울의 둘레의 길이는 얼마일까요? (원주율: 3.14)

2 50원, 100원, 500원짜리 동전이 있습니다. 물음에 답하세요.

(1) 50원, 100원, 500원짜리 동전을 똑같이 한 바퀴 굴렸을 때 어느 동전이 가장 멀리 굴러갈
지 예상하고 왜 그렇게 생각했는지 설명해 보세요.

(2) 동전의 둘레를 줄자를 이용하여 재어 보세요. (준비물: 50원, 100원, 500원짜리 동전)

(3) (2)에서 잰 동전의 원주를 이용하여 동전의 지름을 구해 보세요. (원주율: 3.1)

	50원짜리 동전	100원짜리 동전	500원짜리 동전
원주(cm)			
지름(cm)			

(4) 원주를 알고 있을 때 지름을 구하는 방법을 설명해 보세요.

개념 정리 **원주와 지름 구하기**

• 원주율을 이용하여 원주 구하기

  지름 또는 반지름을 알 때 원주율을 이용하여 원주를 구할 수 있습니다.

  $$(원주) = (지름) \times (원주율) = (반지름) \times 2 \times (원주율)$$

• 원주율을 이용하여 지름 구하기

  원주를 알 때 원주율을 이용하여 지름을 구할 수 있습니다.

  $$(지름) = (원주) \div (원주율)$$

원의 넓이는 얼마쯤일까요?

1 하늘이네 집 근처 놀이터에는 다음과 같은 모양의 놀이 공간이 있습니다. 이 중에서 원 모양으로 된 부분의 넓이를 알아보려고 합니다. 물음에 답하세요. (▨ 한 개의 넓이는 1입니다.)

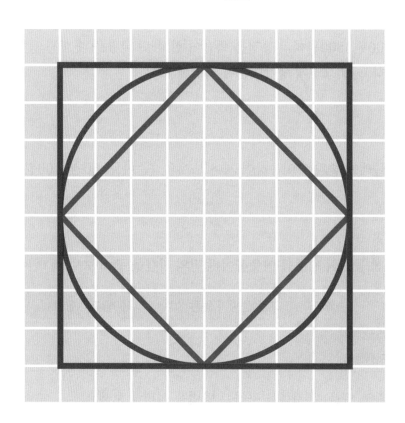

(1) ▨의 개수를 세어 ☐와 ◇의 넓이를 구하고, 구한 방법을 설명해 보세요.

(2) (1)을 이용하여 ◯의 넓이가 얼마쯤일지 구해 보세요.

(3) ◯ 안에 들어가는 ▨의 개수를 대략 세어 ◯의 넓이가 얼마쯤일지 구해 보세요.

2 바다와 강이가 모눈종이에 손전등을 수직으로 비추어 원을 만들었습니다. 물음에 답하세요.
(단, 모눈 종이 한 칸의 넓이는 1입니다.)

바다 　　　　　　　　　　강

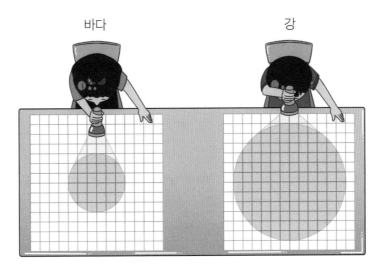

(1) 문제 **1**의 결과를 이용하여 바다와 강이가 손전등을 비추어 만든 원의 넓이를 어림해 보세요.

(2) 문제 **1**의 결과를 이용하여 바다가 만든 원과 강이가 만든 원의 넓이를 어림하는 방법을 설명해 보세요.

(3) 하늘이가 바다와 강이의 활동을 보고 반지름이 9인 원을 만들었다면 이 원의 넓이는 얼마 일지 어림해 보세요.

원의 넓이 구하기

1 바다는 원을 등분한 조각을 이용하여 원의 넓이 구하는 방법을 알아보려고 합니다. 물음에 답하세요.

(1) 원을 8등분, 16등분, 32등분하여 조각끼리 이어 붙였습입니다. □ 안에 알맞은 말을 써넣으세요.

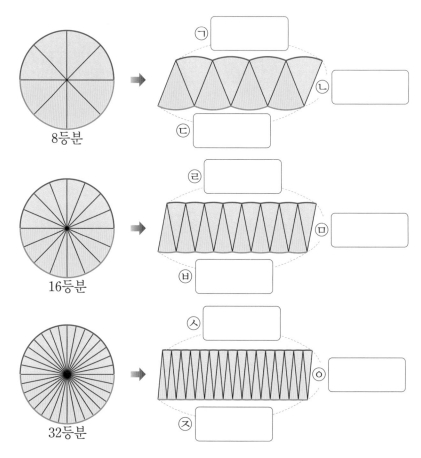

(2) 원을 한없이 등분하여 붙이면 어떤 모양이 될지 그림으로 나타내고 설명해 보세요.

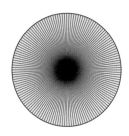

(3) (1)과 (2)를 이용하여 원의 넓이 구하는 방법을 설명해 보세요.

개념 정리 원의 넓이 구하기

$$(원의 넓이) = (원주) \times \frac{1}{2} \times (반지름)$$

$$= (원주율) \times (지름) \times \frac{1}{2} \times (반지름)$$

$$= (원주율) \times (반지름) \times (반지름)$$

2 레코드판과 CD를 보고 물음에 답하세요.

(1) 레코드판과 CD의 넓이를 구할 때 필요한 정보는 무엇인가요?

(2) 강이는 인터넷 검색을 통해 레코드판의 지름은 30 cm이고, CD의 지름은 12 cm임을 알 아냈습니다. 레코드판과 CD의 넓이를 각각 구해 보세요. (원주율: 3.1)

3 원의 넓이를 구해 보세요. (원주율: 3.1)

(1)

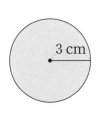

3 cm

(   )

(2)

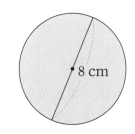

8 cm

(   )

여러 가지 원의 넓이 구하기

1 바다는 색종이를 원 모양으로 잘랐습니다. 물음에 답하세요.

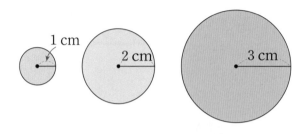

(1) 주황색 원의 넓이는 파란색 원의 넓이의 몇 배쯤일까요?

(2) 각각의 넓이를 구해 보세요. (원주율: 3.1)

(3) 반지름이 길어질수록 원의 넓이는 어떻게 달라지는지 설명해 보세요.

2 그림과 같은 원형 거울이 있습니다. 물음에 답하세요.

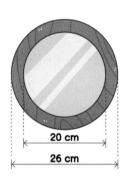

(1) 테두리의 넓이를 구하는 방법을 설명해 보세요.

(2) 테두리의 넓이를 구해 보세요. (원주율: 3.1)

3 원 모양 색종이로 다음과 같은 모양을 만들었습니다. 물음에 답하세요.

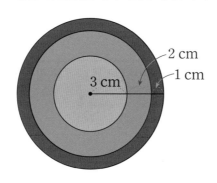

(1) 가장 넓을 것 같은 색깔부터 차례로 써 보세요.

(2) 노란색, 초록색, 빨간색이 차지하는 넓이를 각각 구해 보세요. (원주율: 3)

영역	노란색	초록색	빨간색
넓이(cm²)			

(3) (1)에서 예상한 것이 맞는지 확인해 보세요.

4 색칠된 부분의 넓이를 구해 보세요. (원주율: 3)

(1)
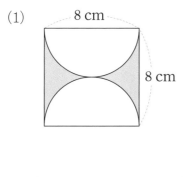

(2)
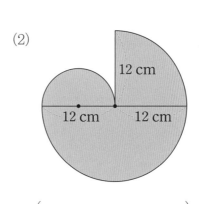

(   )　　　　　(   )

원의 넓이

스스로 정리 원주율, 원주와 원의 넓이에 대하여 알맞은 내용을 써 보세요.

1 (원주율의 뜻)

2 (원주와 원의 넓이를 구하는 공식)

개념 연결 단위넓이의 뜻을 쓰고 직사각형의 넓이를 설명해 보세요.

주제	뜻이나 성질 쓰기
단위넓이	
직사각형의 넓이	왜 직사각형의 넓이는 (가로) × (세로)인가요?

---

1 직사각형의 넓이를 구하는 공식을 이용하여 원의 넓이를 구하는 공식을 만들고 친구에게 편지로 설명해 보세요.

1 반지름이 15 m인 대관람차에 6 m 간격으로 곤돌라가 매달려 있습니다. 곤돌라는 모두 몇 대인지 구하고 다른 사람에게 설명해 보세요. (원주율: 3)

입체도형의
겉넓이와 부피

2 꽃밭의 넓이를 구하고 그 과정을 다른 사람에게 설명해 보세요. (원주율: 3.14)

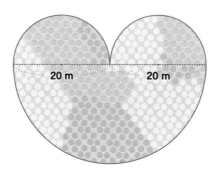

20 m   20 m

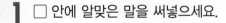

1 □ 안에 알맞은 말을 써넣으세요.

> 원의 둘레를 [   ]라 하고, 원의 지름에 대
>
> 한 원주의 비를 [   ]이라고 합니다.

2 원주율은 소수로 3.1415926535……와 같이 끝없이 나타납니다. 원주율을 반올림하여 주어진 자리까지 나타내어 보세요.

	원주율
일의 자리까지	
소수 첫째 자리까지	
소수 둘째 자리까지	
소수 셋째 자리까지	

3 바다와 하늘이의 대화를 보고 잘못 말한 사람이 누구인지 찾아 이름을 쓰고 바르게 고쳐 보세요.

바다: 원주율은 원이 커지거나 작아져도 항상 일정해.

하늘: 원주는 모든 크기의 원에서 같아.

(   )

바르게 말하기

_____

_____

4 바다는 길이가 124 cm인 종이띠를 겹치지 않게 붙여서 원을 만들었습니다. 바다가 만든 원의 지름을 구해 보세요. (원주율: 3.1)

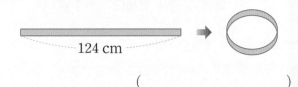

124 cm

(   )

5 원주를 비교하여 ○에 >, =, <를 알맞게 써넣으세요. (원주율: 3.1)

반지름이 15 cm인 원　○　원주가 86.8 cm인 원

6 원의 넓이를 구해 보세요. (원주율: 3.14)

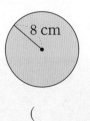

8 cm

(   )

7 정육각형과 원이 그림과 같이 겹쳐 있습니다. 삼각형 ㄱㅇㄷ의 넓이는 20 cm²이고 삼각형 ㄹㅇㅂ의 넓이는 15 cm²일 때 원의 넓이를 알맞게 어림하여 말한 사람은 누구인가요?

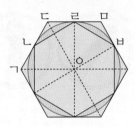

강: 원의 넓이는 17 cm² 정도 될 거야.

바다: 원의 넓이는 35 cm² 정도 될 거야.

하늘: 원의 넓이는 90 cm² 정도 될 거야.

산: 원의 넓이는 100 cm² 정도 될 거야.

여름: 원의 넓이는 120 cm² 정도 될 거야.

(   )

8 직사각형 안에 가장 큰 원을 그렸을 때 원의 넓이를 구해 보세요. (원주율: 3)

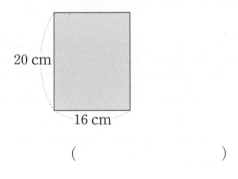

20 cm

16 cm

(   )

9 작은 원의 원주는 36 cm입니다. 두 원의 지름의 합이 몇 cm인지 구해 보세요. (원주율: 3)

(   )

10 하늘이는 유리 박물관에 가서 원 모양의 유리 접시에 무늬 꾸미기 체험을 했습니다. 하늘이가 선택한 유리 접시의 둘레를 구해 보세요. (원주율: 3.1)

나는 큰 게 좋아서. 지름이 35 cm인 접시를 골랐어.

(   )

11 바다는 피자 광고에서 지름이 50 cm인 원 모양의 피자를 보았습니다. 이 피자의 넓이를 구해 보세요. (원주율: 3)

(   )

12 색칠한 부분의 넓이를 구해 보세요. (원주율: 3)

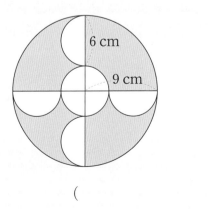

6 cm

9 cm

(   )

1 강이는 바깥쪽 원의 지름이 150 cm인 놀이 기구를 타고 6바퀴를 돌아 이동했습니다. 강이가 움직인 거리는 몇 m일지 구해 보세요. (원주율: 3.1)

(   )

2 바다는 할아버지와 함께 산책하며 휠체어를 밀었습니다. 휠체어 뒷바퀴의 지름이 60 cm일 때 바다가 100 m를 밀고 가려면 휠체어 뒷바퀴는 적어도 몇 번을 회전해야 하는지 구해 보세요. (원주율: 3.1)

(   )

3 산이는 환경 보호 캠페인에 쓸 원형 팻말을 만들기 위해 직사각형 모양의 종이에서 원을 4개 오려 냈습니다. 직사각형 모양 종이의 남은 부분의 넓이를 구해 보세요. (원주율: 3.1)

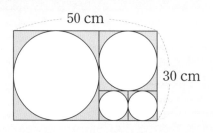

(   )

4 바다네 집 근처 공원에는 한 변의 길이가 16 m인 정사각형을 이용해서 반원을 그려 만든 무늬가 있습니다. 색칠한 부분의 넓이를 구해 보세요. (원주율: 3)

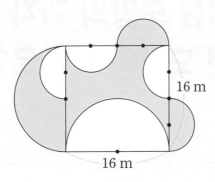

16 m

16 m

(   )

5 산, 바다, 강, 하늘이가 운동장 트랙의 선을 따라 달리기를 했습니다. 출발선에서 동시에 출발하여 한 바퀴를 돌았을 때 달린 거리를 각각 구해 보세요. (원주율: 3)

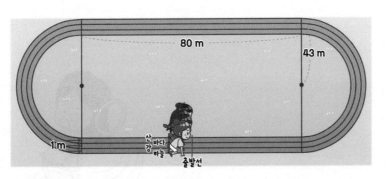

산: _____   바다: _____   강: _____   하늘: _____

6 바다는 미술 시간에 파란색 공예 철사를 이용하여 다음과 같은 모양을 만들었습니다. 바다가 모양을 만들기 위해 사용한 공예 철사의 길이는 몇 cm인지 구해 보세요. (원주율: 3)

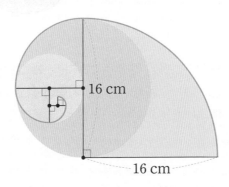

16 cm

16 cm

(   )

6 원기둥 모양의 과자 상자를 펼치면 어떤 모양이 되나요?

원기둥, 원뿔, 구

★ 원기둥, 원뿔, 구의 구성 요소와 성질을 알 수 있어요.
★ 원기둥의 전개도를 그릴 수 있어요.

꼬리에 꼬리를 무는 개념 ✦

공간과 입체
- 여러 방향에서 바라보기
- 위, 앞, 옆에서 본 모양, 수를 쓰는 방법, 층별로 나타낸 모양으로 쌓기나무의 모양과 개수 알아보기
- 쌓기나무로 여러 가지 모양 만들기

입체도형
- 다면체의 성질 알아보기
- 정다면체의 종류
- 회전체의 성질 알아보기
- 입체도형의 겉넓이와 부피

6-1-2

6-2-6

6-2-3

중1

각기둥과 각뿔
- 각기둥과 각뿔을 이해하기
- 각기둥의 전개도를 이해하고 그리기
- 각기둥과 각뿔에서 꼭짓점의 수, 면의 수, 모서리의 수 알기

원기둥, 원뿔, 구
- 원기둥, 원뿔, 구를 이해하고 구분하기
- 원기둥, 원뿔, 구의 구성 요소와 성질 말하기
- 원기둥의 전개도를 이해하고 바르게 그리기

스스로 계획 짜기 ✏️

1일차	2일차	3일차	4일차	5일차
____월 ____일	____월 ____일	____월 ____일	____월 ____일	____월 ____일

6일차	7일차
____월 ____일	____월 ____일

기억 **1** **각기둥 이해하기**

각기둥은 밑면의 모양에 따라 삼각기둥, 사각기둥, 오각기둥……이라고 합니다.

 □ 안에 알맞은 말이나 수를 써넣으세요.

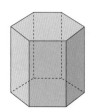

(1) 이 도형은 밑면의 모양이 [   ]이므로 [   ]입니다.

(2) 이 도형의 꼭짓점은 모두 [   ]개, 면은 모두 [   ]개,

모서리는 모두 [   ]개입니다.

기억 **2** **각기둥의 전개도**

각기둥의 모서리를 잘라서 평면 위에 펼쳐 놓은 그림을 각기둥의 전개도라고 합니다.

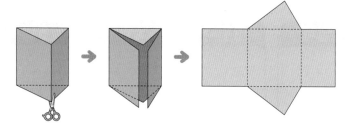

 사각기둥의 전개도에서 잘못된 부분을 한 군데 찾아 바르게 고쳐 보세요.

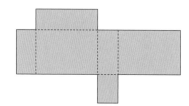

각뿔 이해하기

각뿔은 밑면의 모양에 따라 삼각뿔, 사각뿔, 오각뿔……이라고 합니다.

3 □ 안에 알맞은 말이나 수를 써넣으세요.

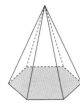

(1) 이 도형은 밑면의 모양이 [ ]이므로 [ ]입니다.

(2) 이 도형의 꼭짓점은 모두 [ ]개, 면은 모두 [ ]개,

모서리는 모두 [ ]개입니다.

기억 4 **원주 구하기**

$$(원주율) = (원주) \div (지름)$$

$$(원주) = (지름) \times (원주율)$$

4 원주율과 원주를 구해 보세요.

(1) 원주와 지름을 이용하여 원주율을 구해 보세요.

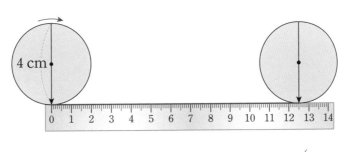

( )

(2) 원주를 구해 보세요. (원주율: 3.14)

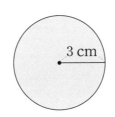

3 cm

( )

여러 가지 도형을 어떻게 분류할 수 있나요?

1 하늘이의 방에는 여러 가지 모양의 물건이 있습니다. 하늘이는 물건을 비슷한 모양끼리 분류해 놓으려고 해요.

(1) 어떤 기준으로 분류할 수 있을지 써 보세요.

- _____

- _____

- _____

- _____

- _____

- _____

(2) 여러 가지 물건을 2가지로 분류할 수 있는 기준을 정하고, 기준에 따라 분류하여 물건의 번호를 써 보세요.

기준	
물건	

기준	
물건	

기준	
물건	

(3) 여러 가지 물건을 3가지로 분류할 수 있는 기준을 정하고, 기준에 따라 분류하여 물건의 번호를 써 보세요.

기준			
물건			

원기둥과 그 구성 요소

> **개념 정리** 원기둥
>
> 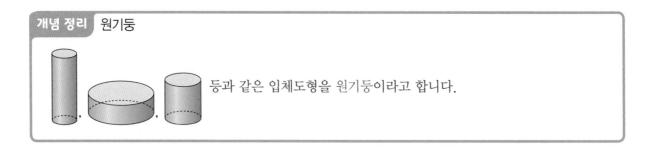 등과 같은 입체도형을 원기둥이라고 합니다.

1 두 도형의 공통점과 차이점을 써 보세요.

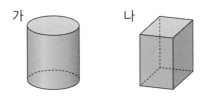

가 　　　　나

공통점	차이점

2 원기둥을 모두 찾아 기호를 써 보세요.

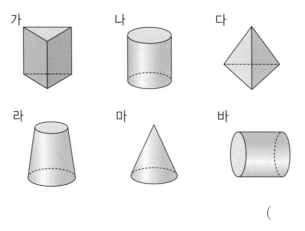

가　　　　나　　　　다

라　　　　마　　　　바

(　　　　　　　)

- 밑면: 원기둥에서 서로 평행하고 합동인 두 면
- 옆면: 두 밑면과 만나는 면. 원기둥의 옆면은 굽은 면입니다.
- 높이: 두 밑면에 수직인 선분의 길이

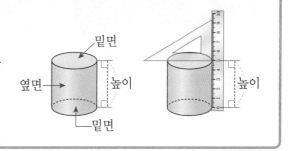

3 원기둥에서 각 부분의 이름을 □ 안에 써넣으세요.

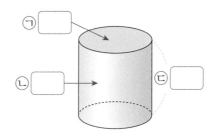

㉠ [   ]

㉡ [   ]

㉢ [   ]

4 직선을 기준으로 돌렸을 때, 원기둥이 만들어지는 것은 어느 것인지 기호를 써 보세요.

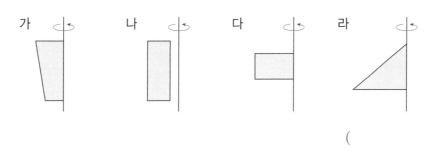

가   나   다   라

(   )

5 원기둥의 높이를 구해 보세요.

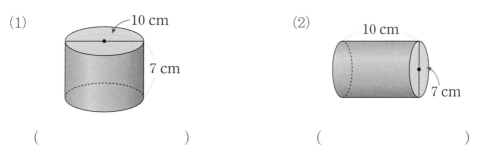

(1) 10 cm
7 cm

(   )

(2) 10 cm
7 cm

(   )

원뿔과 그 구성 요소

개념 정리 원뿔

 , ,   등과 같은 입체도형을 원뿔이라고 합니다.

 1 두 도형의 공통점과 차이점을 써 보세요.

가   나

공통점	차이점

2 원뿔을 모두 찾아 기호를 써 보세요.

가   나   다

라   마   바

(   )

원뿔의 구성 요소

- 밑면: 원뿔에서 평평한 면
- 옆면: 옆을 둘러싼 면
- 원뿔의 꼭짓점: 뾰족한 점
- 모선: 꼭짓점과 밑면의 원의 둘레의 한 점을 이은 선분
- 높이: 꼭짓점에서 밑면에 수직인 선분의 길이

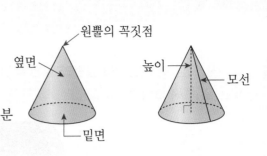

3 원뿔에서 각 부분의 이름을 ☐ 안에 써넣으세요.

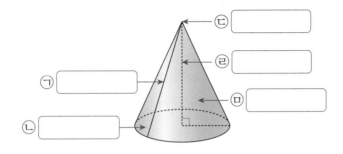

4 원뿔에서 두 부분의 길이를 재었습니다. 가와 나의 차이점을 설명해 보세요.

가   나

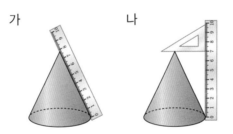

5 직선을 기준으로 삼각형을 돌려 원뿔을 만들었습니다. 어떤 삼각형을 돌렸는지 찾아 기호를 쓰고 ☐ 안에 알맞은 수를 써넣으세요.

(   )

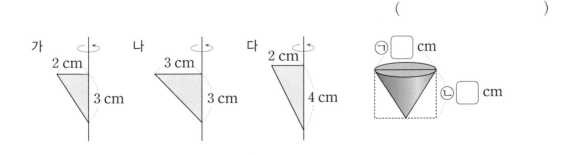

원기둥 모양의 과자 상자를 펼치면 어떤 모양이 되나요?

1 원기둥 모양 과자 상자의 밑면과 옆면을 잘라 펼쳐 놓으려고 합니다. 펼친 모양을 그리고 빈칸에 알맞은 말을 써 보세요.

• 위와 같은 그림을 원기둥의 [   ]라고 합니다.

2 둘 중 문제 **1**에서 그린 그림에 가까운 것을 골라 ○표 해 보세요.

(1) 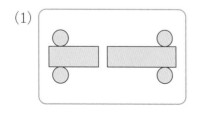 (2) 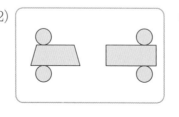 (3)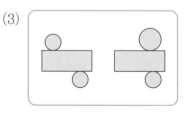

3 원기둥의 전개도의 일부입니다. 물음에 답하세요.

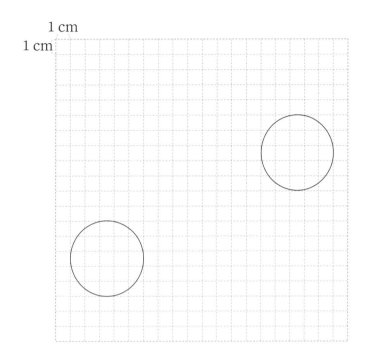

(1) 두 원을 이용하여 원기둥의 전개도를 그려 보세요. (원주율: 3)

(2) (1)에서 그린 도형은 어떤 도형인지 써 보세요.

(   )

(3) (1)에서 그린 도형의 가로와 세로의 길이를 구하고 구한 방법을 설명해 보세요.

가로 (   ), 세로 (   )

> **방법**

원기둥의 전개도

원기둥을 잘라서 펼쳐 놓은 그림을 원기둥의 전개도라고 합니다.

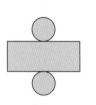

1 전개도를 이용해서 원기둥을 만들 때 서로 맞닿는 부분을 같은 색으로 칠해 보세요.

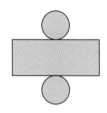

2 원기둥을 만들 수 있는 전개도를 모두 찾아 기호를 써 보세요.

가   나   다

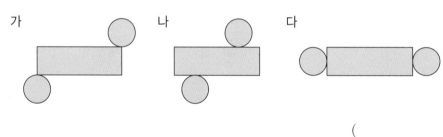

(   )

3 각 부분의 이름을 □ 안에 써넣으세요.

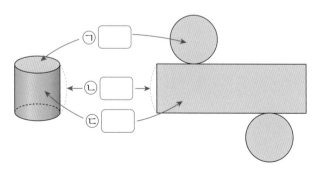

ㄱ

ㄴ

ㄷ

4 그림이 원기둥의 전개도가 맞는지 알아보고 그렇게 생각한 이유를 써 보세요.

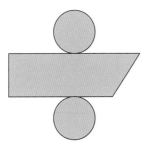

원기둥의 전개도가 (맞습니다 , 아닙니다).

이유

5 원기둥과 원기둥의 전개도를 보고 빈칸에 알맞은 수를 써넣으세요. (원주율: 3.14)

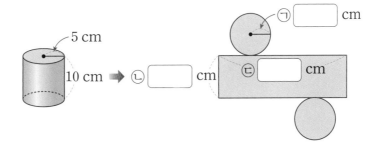

6 원기둥의 전개도를 그리고 밑면의 반지름, 옆면의 가로와 세로의 길이를 나타내어 보세요. (원주율: 3)

1 cm

1 cm

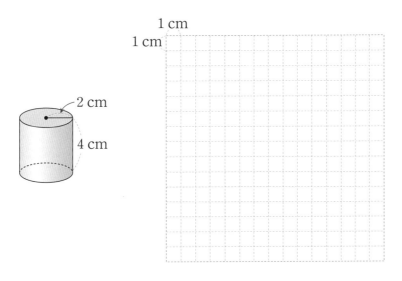

공 모양의 특징은 무엇인가요?

1 세 입체도형의 공통점과 차이점을 설명해 보세요.

입체도형			
공통점			
차이점			

2 가 과 과 다른 점을 설명해 보세요.

- _____
- _____
- _____
- _____

3 여러 가지 도형을 한 직선을 기준으로 돌려 입체도형을 만들었습니다. 만들어진 입체도형을 그려 보세요.

(1)

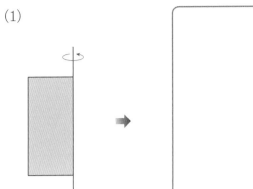

(2)

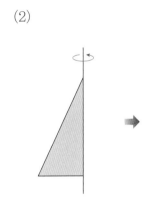

(3)

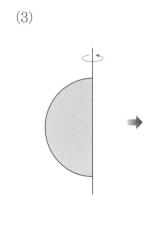

구와 그 구성 요소

개념 정리 | 구

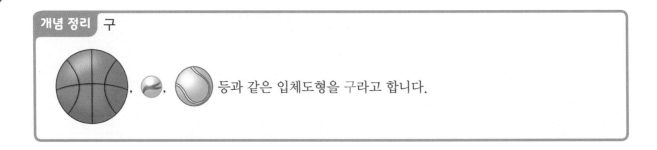

등과 같은 입체도형을 구라고 합니다.

---

1 입체도형을 위, 앞, 옆에서 본 모양을 (보기)에서 골라 그려 보세요.

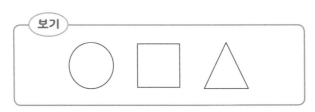

입체도형	위에서 본 모양	앞에서 본 모양	옆에서 본 모양
위 ↓ ← 옆 앞 ↗			
위 ↓ ← 옆 앞 ↗			
위 ↓ ← 옆 앞 ↗			

2 문제**1**을 통해서 알게 된 구, 원기둥, 원뿔의 공통점과 차이점을 설명해 보세요.

> (공통점)
>
> (차이점)

개념 정리 　구의 구성 요소

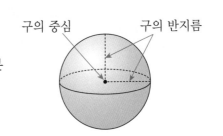

- 구의 중심: 구에서 가장 안쪽에 있는 점

- 구의 반지름: 구의 중심에서 구의 겉면의 한 점을 잇는 선분

---

3 (보기)와 같이 여러 가지 입체도형을 이용하여 자유롭게 그림을 그리고 제목을 정해 보세요.

보기

제목: 시상식

이 그림의 제목은 _____ 입니다.

원기둥, 원뿔, 구

스스로 정리 원기둥, 원뿔, 구에 대하여 각 부분의 이름을 표시하고 입체도형의 특징을 설명해 보세요.

입체도형	원기둥	원뿔	구
각 부분의 이름			
특징			

개념 연결 각기둥의 전개도를 그리고 원주와 원주율의 뜻을 설명해 보세요.

주제	전개도를 그리고 표현 정리하기
각기둥의 전개도 그리기	⇨
원주와 원주율	원주: 원주율:

1 각기둥의 전개도를 그리는 방법을 이용하여 원기둥의 전개도를 그리고 그 과정을 친구에게 편지로 설명해 보세요.

 ⇨

1 원기둥, 원뿔, 구의 공통점과 차이점에 대한 친구들의 설명이 맞는지 틀린지 알아보고 그렇게 생각한 이유를 다른 사람에게 설명해 보세요.

> 구와 원뿔은 뾰족한 부분이 있지만 원기둥은 뾰족한 부분이 없어.

바다의 설명은 (맞습니다 , 틀립니다). 왜냐하면 _____

_____

> 구와 원기둥. 원뿔은 어떤 방향에서 보아도 모양이 모두 원이야.

강이의 설명은 (맞습니다 , 틀립니다). 왜냐하면 _____

_____

2 원기둥의 전개도를 그려 밑면의 반지름, 옆면의 가로와 세로의 길이를 표시하고 그 과정을 다른 사람에게 설명해 보세요. (원주율: 3)

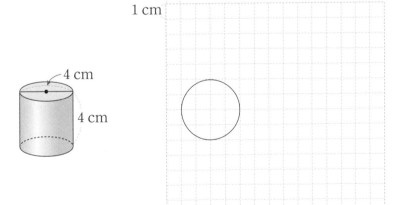

1 cm
1 cm

4 cm
4 cm

원기둥, 원뿔, 구는
이렇게 연결돼요

6-2
각기둥, 각뿔

6-2
원기둥, 원뿔, 구

중 1
원뿔의 전개도

중 1
입체도형의
겉넓이와 부피

155

1 입체도형을 보고 물음에 답하세요.

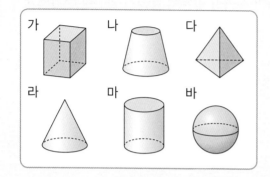

가   나   다

라   마   바

(1) 원기둥을 찾아 기호를 써 보세요.

(   )

(2) 원뿔을 찾아 기호를 써 보세요.

(   )

(3) 구를 찾아 기호를 써 보세요.

(   )

(4) **나**가 원기둥이 아닌 이유를 2가지 써 보세요.

- _____

- _____

(5) 다음 설명을 모두 만족하는 도형을 찾아 기호를 써 보세요.

- 꼭짓점이 없습니다.
- 평행한 면이 없습니다.

(   )

2 각 부분의 이름을 ☐ 안에 써넣으세요.

(1)

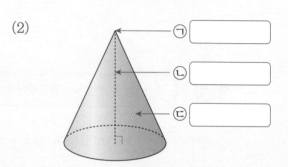

ㄴ ☐

ㄱ ☐

ㄷ ☐

(2)

ㄱ ☐

ㄴ ☐

ㄷ ☐

(3)

구의 ㄱ ☐   구의 ㄴ ☐

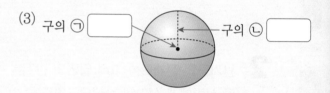

3 원기둥을 옳게 설명한 것을 모두 골라 기호를 써 보세요.

ㄱ 원기둥의 밑면은 평행합니다.

ㄴ 원기둥의 옆면은 평평합니다.

ㄷ 원기둥의 밑면과 옆면은 서로 수직입니다.

ㄹ 원기둥의 밑면은 반드시 원입니다.

(   )

4 각기둥과 원기둥의 차이점을 2가지 써 보세요.

- _____

  _____

- _____

  _____

5 원뿔과 각뿔의 차이점을 2가지 써 보세요.

- _____

  _____

- _____

  _____

6 원기둥의 전개도에서 원의 지름을 알면 알 수 있는 부분은 파란색으로, 원의 지름을 알아도 알 수 없는 부분은 빨간색으로 표시해 보세요.

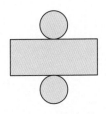

7 원뿔의 높이를 재려고 합니다. 자를 어떻게 이용해야 할지 그림으로 나타내어 보세요.

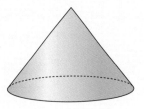

8 각기둥, 각뿔은 굴릴 수 없지만, 원기둥, 원뿔, 구는 굴릴 수 있습니다. 원기둥, 원뿔, 구를 굴릴 수 있는 까닭은 무엇인지 설명해 보세요.

9 □ 안에 알맞은 수를 써넣으세요. (원주율: 3.14)

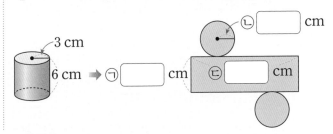

1 입체도형을 옳게 설명한 것을 모두 골라 기호를 써 보세요.

> ㉠ 원기둥의 옆면을 펼치면 직사각형입니다.
>
> ㉡ 입체도형의 밑면이 서로 평행하면 각기둥이나 원기둥입니다.
>
> ㉢ 원뿔의 밑면은 원입니다.
>
> ㉣ 입체도형의 밑면이 원이면 원뿔입니다.

(   )

2 다음과 같은 직사각형이 옆면이 되는 원기둥을 만들려고 합니다. 밑면을 그려 보세요. (원주율: 3.14)

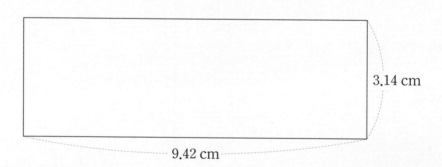

3.14 cm

9.42 cm

3 우리 주변에서 입체도형 모양의 물건을 찾아 각각 3가지 이상 써 보세요.

각기둥	각뿔	원기둥	원뿔	구

4 원뿔 모양의 빵을 자르려고 합니다. 자른 부분의 모양을 그려 보세요.

5 이상한 나라에서는 축구를 할 때 구 모양의 축구공을 사용할 수 없습니다. 그래서 각기둥, 각뿔, 원기둥, 원뿔 중 하나의 모양을 가진 축구공을 만들려고 합니다. 어떤 모양으로 만들면 좋을지 상상하여 그리고 그 모양이 좋은 이유를 써 보세요.

이유

6 3개의 입체도형을 보는 방향에 따라 그린 모양입니다. 빈칸에 알맞은 모양을 그려 보세요.

초·중·고 수학 개념연결 지도

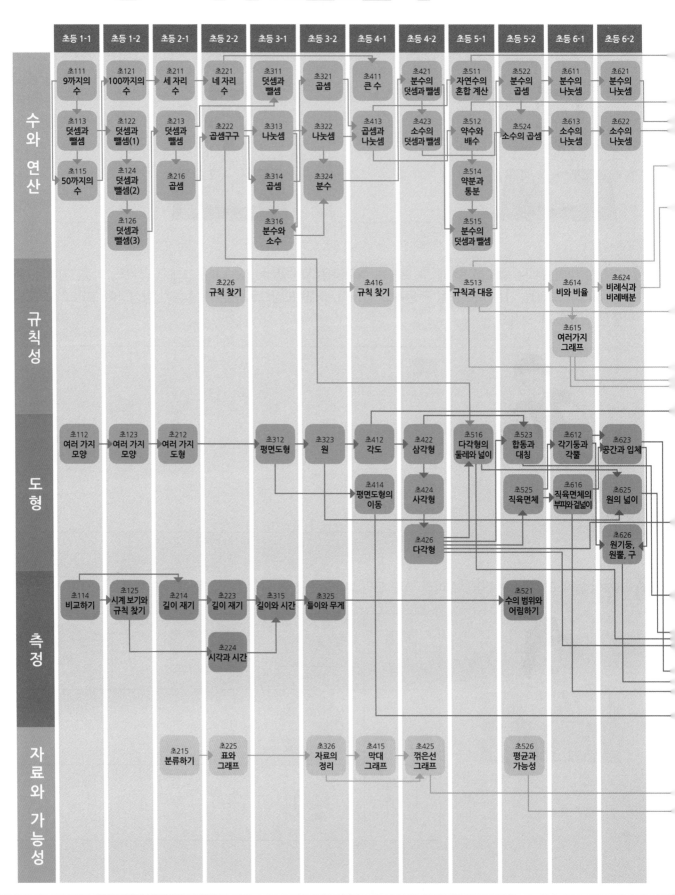

	초등 1-1	초등 1-2	초등 2-1	초등 2-2	초등 3-1	초등 3-2	초등 4-1	초등 4-2	초등 5-1	초등 5-2	초등 6-1	초등 6-2
수와 연산	초111 9까지의 수	초121 100까지의 수	초211 세 자리 수	초221 네 자리 수	초311 덧셈과 뺄셈	초321 곱셈	초411 큰 수	초421 분수의 덧셈과 뺄셈	초511 자연수의 혼합 계산	초522 분수의 곱셈	초611 분수의 나눗셈	초621 분수의 나눗셈
	초113 덧셈과 뺄셈	초122 덧셈과 뺄셈(1)	초213 덧셈과 뺄셈	초222 곱셈구구	초313 나눗셈	초322 나눗셈	초413 곱셈과 나눗셈	초423 소수의 덧셈과 뺄셈	초512 약수와 배수	초524 소수의 곱셈	초613 소수의 나눗셈	초622 소수의 나눗셈
	초115 50까지의 수	초124 덧셈과 뺄셈(2)	초216 곱셈		초314 곱셈	초324 분수			초514 약분과 통분			
		초126 덧셈과 뺄셈(3)			초316 분수와 소수				초515 분수의 덧셈과 뺄셈			
규칙성				초226 규칙 찾기			초416 규칙 찾기		초513 규칙과 대응		초614 비와 비율	초624 비례식과 비례배분
											초615 여러가지 그래프	
도형	초112 여러 가지 모양	초123 여러 가지 모양	초212 여러 가지 도형	초312 평면도형	초323 원		초412 각도	초422 삼각형	초516 다각형의 둘레와 넓이	초523 합동과 대칭	초612 각기둥과 각뿔	초623 공간과 입체
					초414 평면도형의 이동			초424 사각형		초525 직육면체	초616 직육면체의 부피와 겉넓이	초625 원의 넓이
								초426 다각형				초626 원기둥, 원뿔, 구
측정	초114 비교하기	초125 시계 보기와 규칙 찾기	초214 길이 재기	초223 길이 재기	초315 길이와 시간	초325 들이와 무게			초521 수의 범위와 어림하기			
				초224 시각과 시간								
자료와 가능성			초215 분류하기	초225 표와 그래프		초326 자료의 정리	초415 막대 그래프	초425 꺾은선 그래프		초526 평균과 가능성		

QR코드를 스캔하면
'수학 개념연결 지도'를 내려받을 수 있습니다.
https://blog.naver.com/viabook/222160461455

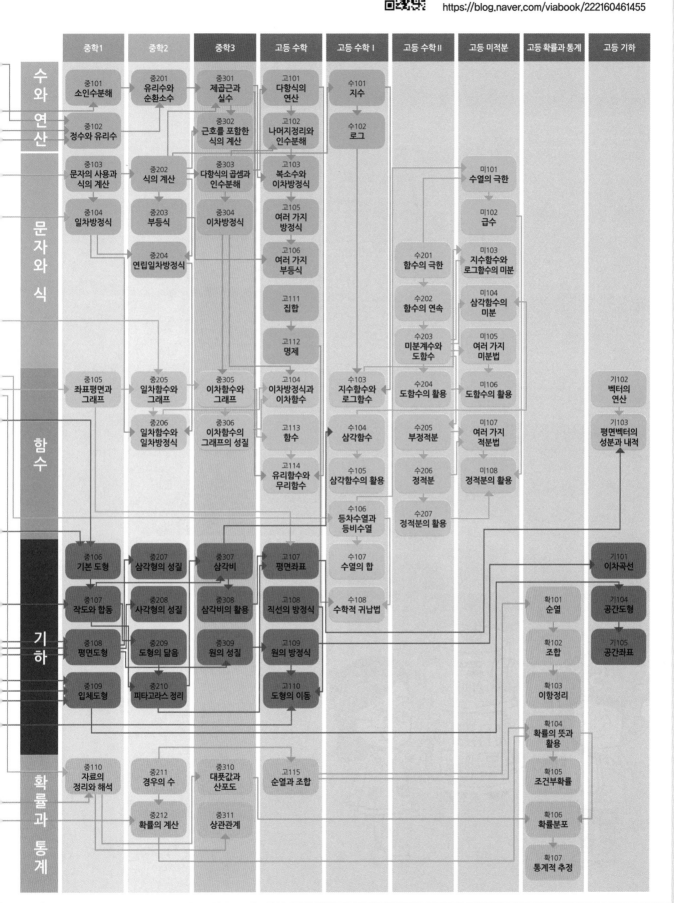

'생각 열기'는 내 생각을 쓰는 문제이기 때문에 답이 여러 가지일 수 있어요. 답과 해설을 참고하여 여러분의 생각과 비교하고 수정해 보세요.

초등 **6-2**

정답과 해설

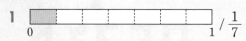

기억하기 12~13쪽

1 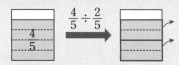 / $\dfrac{1}{7}$

2 (1) $\dfrac{1}{3}$ (2) $\dfrac{5}{7}$

(3) $\dfrac{9}{2}\left(=4\dfrac{1}{2}\right)$ (4) $\dfrac{23}{9}\left(=2\dfrac{5}{9}\right)$

3 $\dfrac{2}{4}\left(=\dfrac{1}{2}\right)$

4   / $\dfrac{3}{7}$

5 (1) $\dfrac{1}{3}$ (2) $\dfrac{2}{11}$ (3) $\dfrac{2}{5}$ (4) $\dfrac{2}{8}\left(=\dfrac{1}{4}\right)$

6 (1) $\dfrac{1}{6}$ (2) $\dfrac{7}{15}$ (3) $\dfrac{9}{16}$ (4) $\dfrac{11}{45}$

6 (1) $\dfrac{2}{3}\div4=\dfrac{\overset{1}{\cancel{2}}}{3}\times\dfrac{1}{\underset{2}{\cancel{4}}}=\dfrac{1}{6}$

(2) $\dfrac{7}{5}\div3=\dfrac{7}{5}\times\dfrac{1}{3}=\dfrac{7}{15}$

(3) $\dfrac{9}{8}\div2=\dfrac{9}{8}\times\dfrac{1}{2}=\dfrac{9}{16}$

(4) $\dfrac{11}{9}\div5=\dfrac{11}{9}\times\dfrac{1}{5}=\dfrac{11}{45}$

생각열기 ❶ 14~15쪽

1 (1) 식 $4\div2=2$ 답 2개

(2) $\dfrac{4}{5}\div\dfrac{2}{5}$

(3) $\dfrac{4}{5}$ 는 단위분수 $\dfrac{1}{5}$ 이 4개, $\dfrac{2}{5}$ 는 단위분수 $\dfrac{1}{5}$ 이 2개입니다. 따라서 $4\div2=2$, 2개의 컵에 담을 수 있습니다.

(4) 공통점

예 – 둘 다 나눗셈을 이용하여 계산합니다.
– 계산 결과가 2로 같습니다.

차이점

예 빵을 몇 개의 접시에 담을 수 있는지 구할 때는 자연수의 나눗셈($4\div2$)을 계산하는 것이고, 우유를 몇 개의 컵에 담을 수 있는지 구할 때는 분수의 나눗셈$\left(\dfrac{4}{5}\div\dfrac{2}{5}\right)$을 계산합니다.

2 (1) 식 $6\div1=6$ 답 6개

(2) $\dfrac{3}{5}\div\dfrac{1}{10}$

(3) 틀립니다에 ○표 /

이유

왜냐하면 단위분수의 크기를 같게 하여 나누지 않았기 때문입니다.

바르게 계산

$\dfrac{3}{5}=\dfrac{6}{10}$ 이므로 단위분수 $\dfrac{1}{10}$ 이 6개입니다. 따라서 $6\div1=6$, 6개의 컵에 담을 수 있습니다.

(4) 공통점

예 – 둘 다 나눗셈을 이용하여 계산합니다.
– 계산 결과가 6으로 같습니다.

차이점

예 쿠키를 몇 개의 접시에 담을 수 있는지 구할 때는 자연수의 나눗셈($6\div1$)을 계산하는 것이고, 주스를 몇 개의 컵에 담을 수 있는지 구할 때는 분수의 나눗셈$\left(\dfrac{3}{5}\div\dfrac{1}{10}\right)$을 계산합니다.

1 (1) 빵을 2개씩 담으면 2개의 접시에 담을 수 있습니다.

(4) 분수의 나눗셈 $\dfrac{4}{5}\div\dfrac{2}{5}$ 는 분자끼리만 나누어도 계산 결과가 같습니다.

2 (1) 쿠키를 1개씩 담으면 6개의 접시에 담을 수 있습니다.

(4) 분수의 나눗셈 $\dfrac{3}{5}\div\dfrac{1}{10}$ 을 $\dfrac{6}{10}\div\dfrac{1}{10}$ 로 고쳐 분자끼리만 나누어도 계산 결과가 같습니다.

선생님의 참견

(분수)÷(분수)의 계산 방법을 만드는 과정이에요. (자연수)÷(자연수)의 계산 원리를 연결하여 추측할 수 있어요. 이때의 핵심은 분모를 같게 만드는 것이에요. 분모가 다를 때 분모를 같게 만드는 것을 통분이라고 하지요.

1 (1) $\dfrac{6}{7} \div \dfrac{2}{7}$

(2) $\dfrac{6}{7}$은 단위분수 $\dfrac{1}{7}$이 6개, $\dfrac{2}{7}$는 단위분수 $\dfrac{1}{7}$

이 2개입니다. 따라서 $\dfrac{6}{7} \div \dfrac{2}{7} = 6 \div 2 = 3$입

니다.

(3) 3 / 3

(4) 예 단위분수를 이용하여 계산하면 $\dfrac{6}{7} \div \dfrac{2}{7}$는

$6 \div 2$와 계산 결과가 같습니다.

2 (1) $\dfrac{5}{7} \div \dfrac{1}{3}$

(2) $\dfrac{5}{7}$는 $\dfrac{15}{21}$이고, 단위분수 $\dfrac{1}{21}$이 15개입니다.

$\dfrac{1}{3}$은 $\dfrac{7}{21}$이고, 단위분수 $\dfrac{1}{21}$이 7개입니다.

따라서 $\dfrac{5}{7} \div \dfrac{1}{3} = \dfrac{15}{21} \div \dfrac{7}{21} = 15 \div 7$

$= \dfrac{15}{7} = 2\dfrac{1}{7}$입니다.

(3) 분모가 다른 분수의 나눗셈은 우선 통분을 하여 분모를 같게 해 줍니다. 다음으로 단위분수를 이용하여 자연수의 나눗셈으로 계산합니다.

3 (1) 5　(2) $6\dfrac{1}{2}$

3 (2) $\dfrac{13}{16} \div \dfrac{1}{8} = \dfrac{13}{16} \div \dfrac{2}{16} = 13 \div 2 = \dfrac{13}{2} = 6\dfrac{1}{2}$

1 (1) $3 \div \dfrac{1}{3}$

(2) 3은 $\dfrac{9}{3}$이므로 3은 단위분수 $\dfrac{1}{3}$이 9개입니다.

따라서 $3 \div \dfrac{1}{3} = \dfrac{9}{3} \div \dfrac{1}{3} = 9 \div 1 = 9$(명)입니다.

(3) 자연수 부분을 분모가 같은 가분수로 바꾸어 계산합니다. 이렇게 하면 분모가 같은 분수의 나눗셈을 계산하는 것과 같은 방법으로 계산할 수 있게 됩니다.

2 (1) $3\dfrac{1}{2} \div \dfrac{3}{4}$

(2) $3\dfrac{1}{2} = \dfrac{7}{2} = \dfrac{14}{4}$이므로 $3\dfrac{1}{2}$은 단위분수 $\dfrac{1}{4}$이

14개이고, $\dfrac{3}{4}$은 단위분수 $\dfrac{1}{4}$이 3개입니다. 따

라서 $3\dfrac{1}{2} \div \dfrac{3}{4} = \dfrac{7}{2} \div \dfrac{3}{4} = \dfrac{14}{4} \div \dfrac{3}{4}$

$= 14 \div 3 = \dfrac{14}{3} = 4\dfrac{2}{3}$입니다.

(3) 대분수를 가분수로 바꾼 뒤, 통분하여 분모를 같게 해 주면 분모가 같은 분수의 나눗셈이므로, 분자끼리만 자연수의 나눗셈을 이용하여 계산합니다.

3 (1) 21　(2) $3\dfrac{3}{8}$

3 (1) $6 \div \dfrac{2}{7} = \dfrac{42}{7} \div \dfrac{2}{7} = 42 \div 2 = 21$

(2) $2\dfrac{1}{4} \div \dfrac{2}{3} = \dfrac{9}{4} \div \dfrac{2}{3} = \dfrac{27}{12} \div \dfrac{8}{12} = 27 \div 8$

$= \dfrac{27}{8} = 3\dfrac{3}{8}$

1 (1) $\dfrac{2}{5} \div \dfrac{2}{15}$

(2) $\dfrac{2}{5} \div \dfrac{2}{15}$에서 $\dfrac{2}{5}$는 $\dfrac{6}{15}$이므로 단위분수 $\dfrac{1}{15}$

이 6개, $\dfrac{2}{15}$는 단위분수 $\dfrac{1}{15}$이 2개입니다. 따

라서 $\dfrac{2}{5} \div \dfrac{2}{15} = \dfrac{6}{15} \div \dfrac{2}{15} = 6 \div 2 = \dfrac{\overset{3}{\cancel{6}}}{\underset{1}{\cancel{2}}} = 3$(배)

입니다.

(3) (1)의 나눗셈에서 나누는 수의 분자와 분모를 바꾸어 곱하면

$\dfrac{2}{5} \div \dfrac{2}{15} = \dfrac{\cancel{2}}{\cancel{5}} \times \dfrac{\cancel{15}}{\cancel{2}} = 3$입니다.

이것은 (2)의 결과와 같습니다.

2 (1) $5 \div \dfrac{2}{5}$ / 해설 참조

(2) $25 \div 2 = \dfrac{25}{2} = 12\dfrac{1}{2}$(개), 사탕을 2개씩 담으면 12개의 접시와 반만 채운 1개의 접시에 담을 수 있습니다.

(3) (1)과 (2)의 계산 결과가 $12\dfrac{1}{2}$로 같습니다.

(4) (1)의 나눗셈에서 나누는 수의 분자와 분모를 바꾸어 곱하면

$$5 \div \frac{2}{5} = 5 \times \frac{5}{2} = \frac{25}{2} = 12\frac{1}{2}$$입니다.

이것은 (2)의 결과와 같습니다.

1 (1) 산이가 캔 감자의 양은 바다가 캔 감자의 양의 □배라고 하면 (산이가 캔 감자의 양)=(바다가 캔 감자의 양)×□ 입니다.

따라서 □=(산이가 캔 감자의 양)÷(바다가 캔 감자의 양)

$$= \frac{2}{5} \div \frac{2}{15}$$입니다.

2 (1) 5는 $\frac{25}{5}$이므로 단위분수 $\frac{1}{5}$이 25개, $\frac{2}{5}$는 단위분수 $\frac{1}{5}$이 2개입니다. 따라서 $5 \div \frac{2}{5} = \frac{25}{5} \div \frac{2}{5} = 25 \div 2$

$$= \frac{25}{2} = 12\frac{1}{2}$$(개)의 컵에 담을 수 있습니다.

(4) (자연수)÷(분수)의 계산에서 나누는 수의 분자와 분모를 바꾸어 곱하면 결과를 얻을 수 있습니다.

선생님의 참견

(분수)÷(분수)의 계산 결과를 나누는 분수의 분자와 분모를 바꾸어 (분수)×(분수)로 고친 결과와 비교해 보세요. 분수의 나눗셈을 보다 편리하게 계산하는 방법을 생각해 보는 과정이에요.

개념활용 ②-1

22~23쪽

1 (1) $\frac{5}{6} \div \frac{2}{5}$ / 해설 참조

(2) $\frac{5}{6} \div \frac{2}{5} = \frac{5 \times 5}{6 \times 5} \div \boxed{\frac{2 \times 6}{5 \times 6}}$

$$= \boxed{5 \times 5} \div \boxed{2 \times 6} = \frac{5 \times 5}{2 \times 6}$$

$$= \frac{5}{6} \times \frac{\boxed{5}}{\boxed{2}} = \boxed{2\frac{1}{12}}$$

(3) (1)과 (2)의 계산 결과는 모두 $2\frac{1}{12}$로 같습니다. 두 가지 계산 과정을 살펴보니 분수의 나눗셈은 분모를 통분하여 단위분수의 개수를 나눗셈하는 방법도 있지만 나누는 분수의 분자와 분모를 바꾸어 곱하는 방법도 있습니다.

2 (1) $\frac{4}{7} \div \frac{2}{3}$

(2) $\frac{2}{7}$ / 2, 2

(3) $\frac{2}{7}, \frac{6}{7}$ / 2, 3, $\frac{6}{7}$

(4) (1)~(3)의 계산 과정을 정리하면

$$\frac{4}{7} \div \frac{2}{3} = \frac{4}{7} \times \frac{1}{2} \times 3 = \frac{4}{7} \times \frac{3}{2}$$

임을 알 수 있습니다. 즉, (분수)÷(분수)의 계산은 나누는 분수의 분자와 분모를 바꾸어 곱셈으로 계산할 수 있습니다.

1 (1) 분모를 통분하면 $\frac{5}{6} \div \frac{2}{5} = \frac{25}{30} \div \frac{12}{30}$입니다.

$\frac{25}{30}$는 단위분수 $\frac{1}{30}$이 25개, $\frac{12}{30}$는 단위분수 $\frac{1}{30}$이 12개입니다.

따라서 $\frac{5}{6} \div \frac{2}{5} = \frac{25}{30} \div \frac{12}{30} = 25 \div 12 = \frac{25}{12} = 2\frac{1}{12}$ (컵)입니다.

개념활용 ②-2

24~25쪽

1 (1) $4000 \div \frac{8}{13}$

(2) 500

(3) $500 \times 13 = 6500$(원)

(4) (1)에서 나누는 분수의 분자와 분모를 바꾸어 곱하면

$$4000 \div \frac{8}{13} = 4000 \times \frac{13}{8}$$

$$= 500 \times 13 = 6500$$(원)입니다.

이것은 (3)의 결과와 같습니다.

2 (1) $1\frac{4}{5} \div \frac{5}{2}$

(2) 강 $1\frac{4}{5} \div \frac{5}{2} = \frac{9}{5} \div \frac{5}{2} = \frac{18}{10} \div \frac{25}{10}$

$$= 18 \div 25 = \frac{18}{25}$$(cm)

산 $1\frac{4}{5} \div \frac{5}{2} = \frac{9}{5} \times \frac{2}{5} = \frac{18}{25}$(cm)

(3) 계산 결과가 같습니다.

1 (2) $\frac{8}{13}$은 단위분수 $\frac{1}{13}$이 8개이고, 자두 $\frac{8}{13}$ kg의 가격이 4000원이므로 자두 $\frac{1}{13}$ kg의 가격은 $4000 \div 8 = 500$(원)입니다.

2 (1) (평행사변형의 넓이)=(밑변)×(높이)이므로 $1\frac{4}{5} = \frac{5}{2} \times$(높이)입니다.

따라서 (높이)=$1\frac{4}{5} \div \frac{5}{2}$입니다.

스스로 정리

1 방법1 통분하고 자연수의 나눗셈을 이용하여 해결하는 방법

$$\frac{3}{4} \div \frac{2}{7} = \frac{21}{28} \div \frac{8}{28} = 21 \div 8 = \frac{21}{8} = 2\frac{5}{8}$$

방법2 나누는 분수의 분자와 분모를 바꾸어 곱하는 방법

$$\frac{3}{4} \div \frac{2}{7} = \frac{3}{4} \times \frac{7}{2} = \frac{21}{8} = 2\frac{5}{8}$$

개념 연결

나눗셈   예 – 8÷2는 8개의 물건을 두 사람에게 똑같이 나눠 줄 때 한 사람이 받을 수 있는 물건의 개수를 의미합니다.

– 8÷2는 8 안에 2가 들어가는 횟수를 의미합니다. 그래서 8÷2＝4입니다.

크기가 같은 분수   예 분자, 분모에 똑같은 수를 곱하거나 분자, 분모를 똑같은 수로 나누어도 분수의 크기는 같습니다. 통분할 때나 약분할 때 크기가 같은 분수를 사용합니다.

---

1 나눗셈의 뜻으로 생각하면 $\frac{6}{9} \div \frac{1}{3}$ 은 $\frac{6}{9}$ 안에 $\frac{1}{3}$ 이 몇 번 들어가는지 세면 돼.

이때 9로 통분하기 위해 $\frac{1}{3}$ 의 분자, 분모에 똑같이 3을 곱하면 $\frac{1}{3} = \frac{3}{9}$ 이고, $\frac{6}{9}$ 안에 $\frac{3}{9}$ 이 2번 들어가므로 $\frac{6}{9} \div \frac{1}{3} = \frac{6}{9} \div \frac{3}{9} = 6 \div 3 = 2$야.

또, $\frac{6}{9}$ 의 분자와 분모를 3으로 똑같이 나누면 $\frac{6}{9} = \frac{2}{3}$ 이므로 $\frac{2}{3}$ 안에 $\frac{1}{3}$ 이 몇 번 들어가는지 세는 것으로 구할 수도 있어.

$$\frac{6}{9} \div \frac{1}{3} = \frac{2}{3} \div \frac{1}{3} = 2 \div 1 = 2$$

선생님 놀이

1 방법1 대분수를 가분수로 고치고 통분하여 자연수의 나눗셈을 이용하는 방법

$$2\frac{4}{5} \div \frac{2}{9} = \frac{14}{5} \div \frac{2}{9} = \frac{126}{45} \div \frac{10}{45}$$

$$= 126 \div 10 = \frac{126}{10}$$

$$= 12\frac{6}{10} = 12\frac{3}{5}$$

방법2 대분수를 가분수로 고치고 나누는 분수의 분자와 분모를 바꾸어 곱하는 방법

$$2\frac{4}{5} \div \frac{2}{9} = \frac{14}{5} \div \frac{2}{9} = \frac{14}{5} \times \frac{9}{2}$$

$$= \frac{63}{5} = 12\frac{3}{5}$$

2 $2\frac{1}{6}$ cm / 해설 참조

---

2 직사각형의 넓이는 (가로)×(세로)이므로, 가로를 ☐ cm라 하면

$\square \times \frac{3}{5} = 1\frac{3}{10}$ 이므로 $\square = 1\frac{3}{10} \div \frac{3}{5}$ 입니다.

$1\frac{3}{10} \div \frac{3}{5} = \frac{13}{10} \times \frac{5}{3} = \frac{13}{6} = 2\frac{1}{6}$ 이므로 직사각형의 가로는 $2\frac{1}{6}$ cm입니다.

---

1 $\frac{9}{10} \div \frac{2}{10} = \boxed{9} \div \boxed{2} = \frac{9}{\boxed{2}} = \boxed{4\frac{1}{2}}$

2 8, 4, 2

3 (1) $3 \div 1 = 3$

   (2) $10 \div 7 = \frac{10}{7} = 1\frac{3}{7}$

4 $\frac{13}{21} \div \frac{3}{7} = \frac{13}{21} \times \frac{\boxed{7}}{3} = \frac{13}{\boxed{9}} = \boxed{1}\frac{\boxed{4}}{9}$

5 (○) (   )

6 (1) 20

   (2) 24

   (3) 35

   (4) 36

7 ㉢

8 $\frac{15}{38}$ / $1\frac{7}{8}$

9 $>$

10 식 $\dfrac{1}{3}\div\dfrac{8}{15}=\dfrac{5}{8}$ 답 $\dfrac{5}{8}$ cm

11 ②

12 식 $10\div\dfrac{2}{9}=45$ 답 45개

---

5 $6\div\dfrac{1}{4}=6\times\dfrac{4}{1}=6\times4$

6 (1) $8\div\dfrac{2}{5}=\overset{4}{\cancel{8}}\times\dfrac{5}{\underset{1}{\cancel{2}}}=20$

(2) $20\div\dfrac{5}{6}=\overset{4}{\cancel{20}}\times\dfrac{6}{\underset{1}{\cancel{5}}}=24$

(3) 방법1 $25\div\dfrac{5}{7}=\dfrac{175}{7}\div\dfrac{5}{7}=175\div5=35$

방법2 $25\div\dfrac{5}{7}=\overset{5}{\cancel{25}}\times\dfrac{7}{\underset{1}{\cancel{5}}}=35$

(4) 방법1 $32\div\dfrac{8}{9}=\dfrac{288}{9}\div\dfrac{8}{9}=288\div8=36$

방법2 $32\div\dfrac{8}{9}=\overset{4}{\cancel{32}}\times\dfrac{9}{\underset{1}{\cancel{8}}}=36$

7 ㉠ $4\dfrac{3}{8}\div\dfrac{5}{7}=\dfrac{\overset{7}{\cancel{35}}}{8}\times\dfrac{7}{\underset{1}{\cancel{5}}}=\dfrac{49}{8}=6\dfrac{1}{8}$

㉡ $6\dfrac{1}{8}\div\dfrac{7}{16}=\dfrac{\overset{7}{\cancel{49}}}{\underset{1}{\cancel{8}}}\times\dfrac{\overset{2}{\cancel{16}}}{\underset{1}{\cancel{7}}}=14$

㉢ $3\dfrac{3}{4}\div\dfrac{5}{8}=\dfrac{\overset{3}{\cancel{15}}}{\underset{1}{\cancel{4}}}\times\dfrac{\overset{2}{\cancel{8}}}{\underset{1}{\cancel{5}}}=6$

8 $\dfrac{3}{19}\div\dfrac{2}{5}=\dfrac{3}{19}\times\dfrac{5}{2}=\dfrac{15}{38}$

$\dfrac{5}{6}\div\dfrac{4}{9}=\dfrac{5}{\underset{2}{\cancel{6}}}\times\dfrac{\overset{3}{\cancel{9}}}{4}=\dfrac{15}{8}=1\dfrac{7}{8}$

9 $\dfrac{5}{8}\div\dfrac{3}{32}=\dfrac{5}{\underset{1}{\cancel{8}}}\times\dfrac{\overset{4}{\cancel{32}}}{3}=\dfrac{20}{3}=6\dfrac{2}{3}$

10 가로를 □ cm라 하면 $\dfrac{1}{3}=\dfrac{8}{15}\times\square$입니다.

$\square=\dfrac{1}{3}\div\dfrac{8}{15}=\dfrac{1}{\underset{1}{\cancel{3}}}\times\dfrac{\overset{5}{\cancel{15}}}{8}=\dfrac{5}{8}$

11 ① $\dfrac{3}{5}\div\dfrac{4}{5}=3\div4=\dfrac{3}{4}$

② $\dfrac{6}{13}\div\dfrac{2}{13}=6\div2=3$

③ $\dfrac{5}{8}\div\dfrac{3}{8}=5\div3=\dfrac{5}{3}=1\dfrac{2}{3}$

④ $\dfrac{4}{9}\div\dfrac{7}{9}=4\div7=\dfrac{4}{7}$

⑤ $\dfrac{9}{10}\div\dfrac{8}{10}=9\div8=\dfrac{9}{8}=1\dfrac{1}{8}$

12 $10\div\dfrac{2}{9}=\overset{5}{\cancel{10}}\times\dfrac{9}{\underset{1}{\cancel{2}}}=45$

1 $\dfrac{5}{6}\div\dfrac{9}{11}=\dfrac{5}{6}\times\dfrac{11}{9}=\dfrac{55}{54}=1\dfrac{1}{54}$

2 $4\dfrac{5}{18}$ cm

3 $1\dfrac{11}{15}$ 배

4 1, 3, 5, 15

5 $\dfrac{11}{12}\div\dfrac{9}{12},\ \dfrac{11}{13}\div\dfrac{9}{13}$

6 해설 참조 / $12\dfrac{1}{2}$ km

7 해설 참조 / 10명

8 해설 참조 / 33개

---

2 밑변의 길이를 □ cm라 하면 $\square\times2\dfrac{4}{7}\div2=5\dfrac{1}{2}$입니다.

$\square=5\dfrac{1}{2}\times2\div2\dfrac{4}{7}=\dfrac{11}{\underset{1}{\cancel{2}}}\times\overset{1}{\cancel{2}}\div\dfrac{18}{7}$

$=11\times\dfrac{7}{18}=\dfrac{77}{18}=4\dfrac{5}{18}$

3 $1\dfrac{7}{15}\div\dfrac{11}{13}=\dfrac{22}{15}\div\dfrac{11}{13}=\dfrac{\overset{2}{\cancel{22}}}{15}\times\dfrac{13}{\underset{1}{\cancel{11}}}=\dfrac{26}{15}=1\dfrac{11}{15}$(배)

4 $\dfrac{15}{23}\div\dfrac{★}{23}=15\div★$이므로 $15\div★$이 자연수가 되려면 15의 약수 1, 3, 5, 15로 나누면 됩니다.

5 $11\div9$를 이용할 수 있고, 두 분수의 분모가 같으므로 $\dfrac{11}{\square}\div\dfrac{9}{\square}$입니다.

분모가 14보다 작은 진분수이므로 □＝12 또는 □＝13 입니다.

6 $5\div\dfrac{2}{5}=5\times\dfrac{5}{2}=\dfrac{25}{2}=12\dfrac{1}{2}$ (km)

7 $16\div1\dfrac{3}{5}=16\div\dfrac{8}{5}=\overset{2}{\cancel{16}}\times\dfrac{5}{\underset{1}{\cancel{8}}}=10$(명)

8 $27\div\dfrac{9}{11}=\overset{3}{\cancel{27}}\times\dfrac{11}{\underset{1}{\cancel{9}}}=33$(개)

2단원 소수의 나눗셈

기억하기
34~35쪽

1 (1) 1.8   (2) 5.07

2 (1) 17.4   (2) 25.5   (3) 11.18   (4) 19.936

3

$5384 \div 4 = \boxed{1346}$			
$538.4 \div 4 = \boxed{134.6}$	$\dfrac{1}{10}$배	$\dfrac{1}{100}$배	
$53.84 \div 4 = \boxed{13.46}$			

4 (1) 8.7   (2) 0.08

5 (1) 39   (2) 1.1

5 (1) $\dfrac{117}{10} \div \dfrac{3}{10} = 117 \div 3 = 39$

   (2) $\dfrac{121}{100} \div \dfrac{11}{10} = \dfrac{121}{100} \div \dfrac{110}{100} = 121 \div 110 = 1.1$

생각열기 ❶
36~37쪽

1 (1) $12 \div 3$

   (2) 해설 참조

2 (1) $1.2 \div 0.3$

   (2) ㉠ 4일 것 같습니다. 곱셈으로 0.3을 4배 하면 1.2이기 때문입니다.

   (3) 해설 참조

3 (1)

10배 ↗ $1.2 \div 0.3$ ↘ 10배 $= 4$
      $12 \div 3$ $= 4$

   (2) ㉠ – 1.2와 0.3에 똑같이 10을 곱하여 $12 \div 3$ 으로 바꾸어 계산해도 됩니다.

       – 나눗셈에서 나누는 수와 나누어지는 수에 같은 수를 곱하면 몫은 변하지 않습니다.

1 (2) ① 수직선 이용: 빨간색 매듭을 4개 만들 수 있습니다.

```
0    3    6    9 10   12            20
|----|----|----|-|----|----|----|----|
```

   ② 뺄셈 이용: $12 - 3 - 3 - 3 - 3 = 0$이므로 $12 \div 3 = 4$입니다.

   ③ 곱셈과 나눗셈의 관계 이용: $12 \div 3 = \square$라 하면 $3 \times \square = 12$에서 $\square = 4$입니다.

2 (3) ① 수직선 이용: 파란색 매듭을 4개 만들 수 있습니다.

```
0   0.3  0.6  0.9 1.2                2
|----|----|----|-|----|----|----|----|
```

   ② 뺄셈 이용: $1.2 - 0.3 - 0.3 - 0.3 - 0.3 = 0$이므로 $1.2 \div 0.3 = 4$입니다.

> **선생님의 참견**
>
> (소수)÷(소수)의 몫을 구하는 방법을 찾아내기 위해 이전에 배운 (소수)÷(자연수) 또는 (자연수)÷(자연수)의 계산 방법을 연결해 보세요.

개념활용 ❶-1
38~39쪽

1 (1) $27.5 \div 0.5$

   (2) $275 \div 5$

   (3) $27.5 \div 0.5 = 275 \div 5 = 55$이므로 55도막으로 자를 수 있습니다.

2 (1) $2.75 \div 0.05$

   (2) $275 \div 5$

   (3) $2.75 \div 0.05 = 275 \div 5 = 55$이므로 55도막으로 자를 수 있습니다.

3 (1) (위에서부터) 55, 10, 10, 55 / 해설 참조

   (2) (위에서부터) 55, 100, 100, 55 / 해설 참조

1 (2) 1 cm＝10 mm이므로 27.5 cm＝275 mm이고, 0.5 cm＝5 mm입니다. 따라서 275 mm를 5 mm씩 자르는 것과 같으므로 $275 \div 5$입니다.

2 (2) 1 m＝100 cm이므로 2.75 m＝275 cm이고, 0.05 m＝5 cm입니다. 따라서 275 cm를 5 cm씩 자르는 것과 같으므로 $275 \div 5$입니다.

3 (1) ⓐ설명 나눗셈에서 나누는 수와 나누어지는 수를 똑같이 10배 해도 몫은 같습니다. $27.5 \div 0.5$의 27.5와 0.5에 똑같이 10을 곱하여 $275 \div 5$를 계산하면 55이므로 $27.5 \div 0.5 = 55$입니다.

   (2) ⓐ설명 나눗셈에서 나누는 수와 나누어지는 수를 똑같이 100배 해도 몫은 같습니다. $2.75 \div 0.05$의 2.75와 0.05에 똑같이 100을 곱하여 $275 \div 5$를 계산하면 55이므로 $2.75 \div 0.05 = 55$입니다.

40~41쪽

1 (1) $7.5 \div 0.5$

　(2) **예** 10보다 클 것 같습니다. 0.5를 10배 하면 5이고, 7.5는 5보다 큰 수이기 때문입니다.

　(3) 해설 참조

2 (1) $1.95 \div 1.5$

　(2) **예** 계산 결과는 1보다 크고 2보다 작은 것 같습니다. 1.95는 1.5 보다 크고 3보다는 작기 때문입니다.

　(3) 해설 참조

---

1 (3) **방법1** **예** $7.5 \div 0.5$의 나누어지는 수 7.5와 나누는 수 0.5를 각각 분모가 10인 분수로 나타내어 분수의 나눗셈으로 계산합니다.

　　7.5와 0.5를 각각 분모가 10인 분수로 나타내면 $\frac{75}{10}$와 $\frac{5}{10}$이므로

　　$7.5 \div 0.5 = \frac{75}{10} \div \frac{5}{10} = 75 \div 5 = 15$입니다.

　방법2 **예** $7.5 \div 0.5$의 나누어지는 수 7.5와 나누는 수 0.5를 각각 10배 하여 자연수의 나눗셈으로 계산합니다.

　　$75 \div 5 = 15$이므로 $7.5 \div 0.5 = 15$입니다.

2 (3) **방법1** $1.95 \div 1.5 = \frac{195}{100} \div \frac{150}{100} = 195 \div 150 = 1.3$

　방법1 $1.95 \div 1.5 = \frac{19.5}{10} \div \frac{15}{10} = 19.5 \div 15 = 1.3$

　방법2 1.95를 100배 하면 195이고, 1.5를 100배 하면 150이므로 $1.95 \div 1.5$의 몫은 $195 \div 150$의 몫 1.3과 같습니다.

　방법2 1.95를 10배 하면 19.50이고, 1.5를 10배 하면 15이므로 $1.95 \div 1.5$의 몫은 $19.5 \div 15$의 몫 1.3과 같습니다.

선생님의 참견

보다 복잡한 (소수)÷(소수)의 계산을 할지라도 그 원리는 마찬가지라는 것을 느낄 수 있어야 해요. (자연수)÷(자연수) 또는 (소수)÷(자연수)의 계산 원리를 연결하여 스스로 (소수)÷(소수)의 계산을 해결할 수 있는 방법을 만들어 보세요.

42~43쪽

1 (1) $18.4 \div 0.8 = \frac{184}{10} \div \frac{8}{10} = 184 \div 8 = 23$

　(2) (위에서부터) 10, 23, 23, 10 / 해설 참조

　(3) 23, 16, 24, 24, 0 / 해설 참조

2 (1) $2.88 \div 0.09 = \frac{288}{100} \div \frac{9}{100} = 288 \div 9 = 32$

　(2) (위에서부터) 100, 32, 32, 100 / 해설 참조

　(3) 32, 27, 18, 18, 0 / 해설 참조

---

1 (2) **설명** $18.4 \div 0.8$의 나누어지는 수 18.4와 나누는 수 0.8에 똑같이 10을 곱하면 $184 \div 8$입니다. $184 \div 8 = 23$이므로 $18.4 \div 0.8 = 23$입니다.

　(3) **설명** $18.4 \div 0.8$의 나누어지는 수 18.4와 나누는 수 0.8의 소수점을 각각 오른쪽으로 한 자리씩 옮겨서 계산합니다.

2 (2) **설명** $2.88 \div 0.09$의 나누어지는 수 2.88과 나누는 수 0.09에 똑같이 100을 곱하면 $288 \div 9$입니다. $288 \div 9 = 32$이므로 $2.88 \div 0.09 = 32$입니다.

　(3) **설명** $2.88 \div 0.09$의 나누어지는 수 2.88과 나누는 수 0.09의 소수점을 각각 오른쪽으로 두 자리씩 옮겨서 계산합니다.

44~45쪽

1 (1) $8.64 \div 2.4 = \frac{864}{100} \div \frac{240}{100} = 864 \div 240 = 3.6$

　(2) (위에서부터) 100, 3.6, 3.6, 100 / 해설 참조

　(3) 3.6, 720, 1440, 1440, 0 / 해설 참조

2 (1) $8.64 \div 2.4 = \frac{86.4}{10} \div \frac{24}{10} = 86.4 \div 24 = 3.6$

　(2) (위에서부터) 10, 3.6, 3.6, 10 / 해설 참조

　(3) 3.6, 72, 144, 144, 0 / 해설 참조

---

1 (2) **설명** $8.64 \div 2.4$의 나누어지는 수 8.64와 나누는 수 2.4에 똑같이 100을 곱하면 $864 \div 240$입니다. $864 \div 240 = 3.6$이므로 $8.64 \div 2.4 = 3.6$입니다.

　(3) **설명** $8.64 \div 2.4$의 나누어지는 수 8.64와 나누는 수 2.4의 소수점을 각각 오른쪽으로 두 자리씩 옮겨서 계산합니다.

2 (2) 설명 $8.64 \div 2.4$의 나누어지는 수 8.64와 나누는 수 2.4에 똑같이 10을 곱하면 $86.4 \div 24$입니다. $86.4 \div 24 = 3.6$이므로 $8.64 \div 2.4 = 3.6$입니다.

(3) 설명 $8.64 \div 2.4$의 나누어지는 수 8.64와 나누는 수 2.4의 소수점을 각각 오른쪽으로 한 자리씩 옮겨서 계산합니다.

생각열기 ❸
46~47쪽

1 (1) $6 \div 1.2$

(2) 예 5일 것 같습니다. 1.2를 5배 하면 6이기 때문입니다.

(3) 해설 참조

(4) 해설 참조

2 (1) $10000 \div 2.4$

(2) 예 4000원보다 약간 비쌀 것 같습니다. 2.4를 2.5로 생각하여 $10000 \div 2.5$를 계산하면 4000이기 때문입니다.

(3) 몫을 간단한 소수로 나타낼 수 없습니다. $10000 \div 2.4 = 4166.6666\cdots$이기 때문입니다.

(4) 몫을 어림하여 나타냅니다.

---

1 (3) 예 – 나누어지는 수 6과 나누는 수 1.2를 각각 10배씩 합니다.

– 분모가 10인 분수의 나눗셈으로 바꾸어 계산합니다.

– 나누어지는 수 6과 나누는 수 1.2의 소수점을 똑같이 오른쪽으로 한 자리씩 옮겨 계산합니다.

(4) 방법1 $6 \div 1.2$의 나누어지는 수 6과 나누는 수 1.2를 각각 분모가 10인 분수로 나타내어 분수의 나눗셈으로 계산합니다.

6과 1.2를 각각 분모가 10인 분수로 나타내면 $\dfrac{60}{10}$과 $\dfrac{12}{10}$이므로

$6 \div 1.2 = \dfrac{60}{10} \div \dfrac{12}{10} = 60 \div 12 = 5$입니다.

방법2 $6 \div 1.2$의 나누어지는 수 6과 나누는 수 1.2를 각각 10배 하여 자연수의 나눗셈으로 계산합니다.

$60 \div 12 = 5$이므로 $6 \div 1.2 = 5$입니다.

2 (4) 예 – 몫을 버림하여 나타냅니다.

– 몫을 반올림하여 나타냅니다.

– 몫을 올림하여 나타냅니다.

개념활용 ❸-1
48~49쪽

1 (1) $27 \div 4.5 = \dfrac{270}{10} \div \dfrac{45}{10} = 270 \div 45 = 6$

(2) (위에서부터) $10, 6, 6, 10$ / 해설 참조

(3) $6, 270, 0$ / 해설 참조

2 (1) $17 \div 4.25 = \dfrac{1700}{100} \div \dfrac{425}{100} = 1700 \div 425 = 4$

(2) (위에서부터) $100, 4, 4, 100$ / 해설 참조

(3) $4, 1700, 0$ / 해설 참조

---

1 (2) 설명 $27 \div 4.5$의 나누어지는 수 27과 나누는 수 4.5에 똑같이 10을 곱하면 $270 \div 45$입니다. 나누어지는 수와 나누는 수에 각각 10을 곱해도 나눗셈의 몫은 같으므로 $270 \div 45 = 6$이고, $27 \div 4.5 = 6$입니다.

(3) 설명 $27 \div 4.5$의 나누어지는 수 27과 나누는 수 4.5의 소수점을 각각 오른쪽으로 한 자리씩 옮겨서 계산합니다. 소수점을 각각 오른쪽으로 한 자리씩 옮기는 것은 나누어지는 수 27과 나누는 수 4.5 각각에 10을 곱하는 것과 같기 때문입니다.

2 (2) 설명 $17 \div 4.25$의 나누어지는 수 17과 나누는 수 4.25에 똑같이 100을 곱하면 $1700 \div 425$입니다. 나누어지는 수와 나누는 수에 각각 100을 곱해도 나눗셈의 몫은 같으므로 $1700 \div 425 = 4$이고, $17 \div 4.25 = 4$입니다.

(3) 설명 $17 \div 4.25$의 나누어지는 수 17과 나누는 수 4.25의 소수점을 각각 오른쪽으로 두 자리씩 옮겨서 계산합니다. 소수점을 각각 오른쪽으로 두 자리씩 옮기는 것은 나누어지는 수 17과 나누는 수 4.25 각각에 100을 곱하는 것과 같기 때문입니다.

1 (1) $25÷3=8.3333……$
  (2) 해설 참조

2 (1) $26.6666……$
  (2) 26.7
  (3) 26.67
  (4) 26.667

3 (1) 26.1
  (2) 26.09
  (3) 26.087

4 (1) 1.5
  (2) 3.33

1 (2) ⑩ - 8 mL씩 먹습니다. / 약을 하루에 정해진 양보다
        많이 먹으면 몸에 해로울 수 있으므로 몫을 버림
        하여 일의 자리까지 나타냅니다.
      - 8.3 mL씩 먹습니다. / 가능한 의사 선생님의 처
        방에 따라야 하므로 몫을 반올림하여 소수 첫째
        자리까지 나타냅니다.

2 (2) $8÷0.3=26.6666……$이고, 몫의 소수 둘째 자리 숫
        자가 6이므로 반올림하여 소수 첫째 자리까지 나타내
        면 26.7입니다.
  (3) $8÷0.3=26.6666……$이고, 몫의 소수 셋째 자리 숫
        자가 6이므로 반올림하여 소수 둘째 자리까지 나타내
        면 26.67입니다.
  (4) $8÷0.3=26.6666……$이고, 몫의 소수 넷째 자리 숫
        자가 6이므로 반올림하여 소수 셋째 자리까지 나타내
        면 26.667입니다.

3 (1) $12÷0.46=26.0869……$이고, 몫의 소수 둘째 자리
        숫자가 8이므로 반올림하여 소수 첫째 자리까지 나타
        내면 26.1입니다.
  (2) $12÷0.46=26.0869……$이고, 몫의 소수 셋째 자리
        숫자가 6이므로 반올림하여 소수 둘째 자리까지 나타
        내면 26.09입니다.
  (3) $12÷0.46=26.0869……$이고, 몫의 소수 넷째 자리
        숫자가 9이므로 반올림하여 소수 셋째 자리까지 나타
        내면 26.087입니다.

4 (1) $8÷5.5=1.4545……$이고, 몫의 소수 둘째 자리 숫자
        가 5이므로 반올림하여 소수 첫째 자리까지 나타내면
        1.5입니다.
  (2) $7÷2.1=3.3333……$이고, 몫의 소수 셋째 자리 숫자
        가 3이므로 반올림하여 소수 둘째 자리까지 나타내면
        3.33입니다.

1 (1) 바르지 않습니다. 자루의 수는 소수가 아니므
        로 몫을 자연수까지만 계산해야 하기 때문입니
        다.
  (2) 바르지 않습니다. 자루의 수는 소수가 아니므
        로 몫을 자연수까지만 계산해야 하는데 나머지
        가 0이 될 때까지 계산한 후 몫의 자연수 부분
        을 자루의 수, 몫의 소수 부분을 남는 콩의 양
        이라고 계산했기 때문입니다.
  (3) 바르지 않습니다. 남는 콩의 양은 9.2 kg에서
        2자루에 담은 8 kg을 뺀 값이므로 12 kg이
        아니라 1.2 kg입니다. 소수점의 위치가 바르
        지 않습니다.
  (4) 바르게 계산했습니다. $9.2÷4$의 몫을 자연
        수까지만 계산하면 2이고, 콩을 4 kg씩 2자
        루에 담으면 $4×2=8(kg)$이므로 (남는 콩의
        양)=(전체 콩의 양)-(자루에 나누어 담는 콩의
        양)$=9.2-8=1.2(kg)$이기 때문입니다.

선생님의 참견

친구들이 콩 9.2 kg을 4 kg씩 나누어 담은 자루의 수와 남은 콩
의 양을 구한 방법을 보고 바르게 계산하였는지, 만약 바르지
않다면 왜 그렇게 생각하는지를 써 보면서 소수의 나
눗셈에서 몫을 자연수까지 계산하여 나머지를 알아보
는 방법을 탐구해 보세요.

1 (1) $8.4÷2$
  (2) 0 m   2 m   4 m   6 m   8 m 8.4 m

      / 2, 2, 2, 2, 0.4
  (3) 8.4에서 2를 4번 뺄 수 있으므로 종이꽃을 4
        개 만들 수 있습니다.
  (4) 0.4 m

2 (1) 4, 8, 0.4
  (2) 몫 4   나머지 0.4
  (3) $2×4+0.4=8.4$
  (4) 소수에 나누는 수가 몇 번 포함되어 있는지를
        계산하여 몫과 나머지를 구합니다.

3 (1) 몫 5   나머지 2.5
  (2) 몫 7   나머지 1.6
  (3) 몫 12   나머지 3.4

3
(1)
$$3 \overline{\smash{\big)}\ 17.5}$$
```
        5
  3 ) 1 7.5
      1 5
      ───
        2.5
```

(2)
```
        7
  4 ) 2 9.6
      2 8
      ───
        1.6
```

(3)
```
        1 2
  7 ) 8 7.4
      7
      ───
      1 7
      1 4
      ───
        3.4
```

56~57쪽

---

2 페트병의 수를 구하려면 54÷1.8을 계산해야 합니다. 54÷1.8의 나누어지는 수와 나누는 수의 소수점을 오른쪽으로 한 자리씩 옮겨서 나눗셈을 하면 몫이 30입니다. 따라서 필요한 페트병의 수는 30개입니다.

```
          3 0
  1.8 ) 5 4.0
        5 4
        ───
           0
```

표현하기

스스로 정리

1 **방법1**
$$\overbrace{30.4 \div 0.4}^{10배} \underset{10배}{\searrow}$$
$$304 \div 4 = 76$$
$$30.4 \div 0.4 = 76$$

방법2 $30.4 \div 0.4 = \dfrac{304}{10} \div \dfrac{4}{10} = 304 \div 4 = 76$

개념 연결

자연수의 나눗셈
```
        2 4
  1 6 ) 3 8 4
        3 2
        ───
          6 4
          6 4
          ───
            0
```

분모가 같은 분수의 나눗셈 $\dfrac{81}{100} \div \dfrac{9}{100} = 81 \div 9 = 9$

□ 자릿수가 같은 소수의 나눗셈은 나누어지는 수와 나누는 수에 똑같이 배수를 곱해서 둘 다 자연수로 고치면 자연수의 나눗셈과 같은 방법으로 계산할 수 있어. 그리고 소수를 분수로 고치면 분모가 같기 때문에 분자끼리의 나눗셈으로 계산할 수 있어.

선생님 놀이

1 4.7÷0.7의 나누어지는 수와 나누는 수의 소수점을 오른쪽으로 한 자리씩 옮겨서 나눗셈을 하면 몫이 6.71……입니다. 소수 둘째 자리가 1이므로 몫을 반올림하여 소수 첫째 자리까지 나타내면 6.7입니다.

```
            6.7 1
  0.7 ) 4.7 0
        4 2
        ───
          5 0
          4 9
          ───
            1 0
             7
            ───
             3
```

단원평가 기본

58~59쪽

1 (위에서부터) 10, 10, 94, 94

2 $4.8 \div 0.6 = \dfrac{48}{10} \div \dfrac{6}{10} = 48 \div 6 = 8$

3 (1) 12 (2) 24

4

5 (1) > (2) >

6 (1)

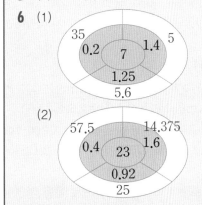

(2)

7 (1) 1.1 (2) 1.8

8 29개

9 2.6배

10 2.12배

11 (위에서부터) 13, 18, 60, 54, 6.8 / 13, 6.8

12 해설 참조 / 12

---

1 56.4÷0.6의 나누는 수 56.4와 나누어지는 수 0.6에 똑같이 10을 곱하여 564÷6을 계산하면 몫은 94이므로 56.4÷0.6의 몫도 94입니다.

2 4.8÷0.6의 나누어지는 수 4.8과 0.6을 각각 분모가 10인 분수로 나타내면 $\dfrac{48}{10}$과 $\dfrac{6}{10}$입니다.

3 소수점을 오른쪽으로 한 자리씩 옮겨서 (자연수)÷(자연수)로 계산합니다.

(1)
```
        1 2
0.8) 9.6
        8
        1 6
        1 6
            0
```

(2)
```
          2 4
2.6) 6 2.4
        5 2
        1 0 4
        1 0 4
              0
```

4 $60.16÷6.4=9.4$
$52.08÷8.4=6.2$

5 (1) $5.36÷0.8=6.7$, $23.03÷4.7=4.9$이므로 $6.7>4.9$입니다.

(2) $7.84÷1.6=4.9$, $13.78÷5.3=2.6$이므로 $4.9>2.6$입니다.

6 (1) $7÷1.4=5$
$7÷1.25=5.6$
$7÷0.2=35$

(2) $23÷1.6=14.375$
$23÷0.92=25$
$23÷0.4=57.5$

7 (1) $3.2÷3=1.066……$이고, 몫의 소수 둘째 자리 숫자가 6이므로 반올림하여 소수 첫째 자리까지 나타내면 1.1입니다.

(2) $5.14÷2.8=1.835……$이고, 몫의 소수 둘째 자리 숫자가 3이므로 반올림하여 소수 첫째 자리까지 나타내면 1.8입니다.

8 $17.4÷0.6=29$(개)

9 강이네 집에서 공원까지의 거리는 $2.34\ \text{km}$이고, 학교까지의 거리는 $0.9\ \text{km}$이므로 $2.34÷0.9=2.6$(배)입니다.

10 $18÷8.5=2.117……$입니다. 몫의 소수 셋째 자리가 7이므로 반올림하여 소수 둘째 자리까지 나타내면 2.12입니다.

11 오토바이의 수는 소수가 아닌 자연수이므로 몫을 자연수까지만 구해야 합니다. $240.8÷18$의 몫을 자연수까지만 계산하면 13이고 휘발유를 $18\ \text{L}$씩 13대에 주유하면 $18×13=234$(L)입니다.
(남는 휘발유의 양)=(전체 휘발유의 양)−(오토바이에 주유하는 휘발유의 양)$=240.8−234=6.8$(L)이므로 오토바이에 주유하고 남는 휘발유의 양은 $6.8\ \text{L}$입니다.

12 어떤 수를 □라 할 때 $□×1.25=15$이므로 $□=15÷1.25$입니다. 따라서 어떤 수는 12입니다.

---

1 방법 소수점을 오른쪽으로 한 자리씩 옮겨 (자연수)÷(자연수)로 계산했습니다.

2 ㉠, ㉢, ㉡

3 해설 참조 /
이유 소수점을 옮겨서 계산한 경우, 몫의 소수점은 옮긴 위치에 찍어야 합니다.

4 52배

5 해설 참조 / 3, 3.3

6 풀이 $14.1÷13.8=1.021……$이고, 몫을 반올림하여 소수 둘째 자리까지 나타내면 1.02입니다.
/ 1.02배

7 예 문제 리본 한 개를 만드는 데 끈이 $2.5\ \text{m}$ 필요합니다. 끈 $80\ \text{m}$로 만들 수 있는 리본은 모두 몇 개인가요?
답 32개

---

1 나누는 수와 나누어지는 수의 소수점을 각각 오른쪽으로 한 자리씩 옮겨서 계산하고 몫의 소수점은 옮긴 위치에 찍어야 합니다.

2 ㉠ $7.82÷0.34=23$ ㉡ $6.67÷2.3=2.9$
㉢ $12÷2.4=5$입니다. $23>5>2.90$이므로 몫이 큰 순서대로 기호를 쓰면 ㉠, ㉢, ㉡입니다.

3
```
                1.6
26.4) 4 2 2.4
        2 6 4
        1 5 8 4
        1 5 8 4
                0
```
또는
```
                  1.6
26.40) 4 2 2.4 0
          2 6 4 0
          1 5 8 4 0
          1 5 8 4 0
                  0
```
소수점을 오른쪽으로 한 자리씩 또는 두 자리씩 옮겨 계산합니다. 이때 몫의 소수점의 위치는 옮긴 소수점의 위치와 같아야 합니다.

4 $140.4÷2.7=52$이므로 야구공의 무게는 탁구공의 무게의 52배입니다.

5 풀이 $15.3÷4$의 몫을 자연수까지만 계산하면 3입니다. 주스를 $4\ \text{L}$씩 3병에 담으면 $4×3=12$(L)입니다. 따라서 $15.3−12=3.3$(L)가 남습니다.

6 2018년의 1인당 온실가스 배출량은 $14.1\ \text{t}$이고, 2017년의 1인당 온실가스 배출량은 $13.8\ \text{t}$입니다. $14.1÷13.8=1.021……$이고, 몫의 소수 셋째 자리 숫자가 1이므로 반올림하여 소수 둘째 자리까지 나타내면 1.02입니다.

기억하기

64~65쪽

1 (1) 7개
   (2) 7개

2

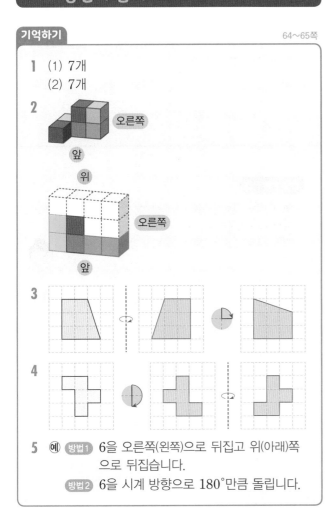

5 (예) 방법1 6을 오른쪽(왼쪽)으로 뒤집고 위(아래)쪽
       으로 뒤집습니다.
    방법2 6을 시계 방향으로 180°만큼 돌립니다.

생각열기 ❶

66~67쪽

1 해설 참조
2 (1), (2) 해설 참조
   (3) 물체를 보는 위치나 방향에 따라 보이는 모습
       이 다를 수 있습니다.

1 (예)

산이의 그림	바다의 그림	동생의그림
🍎 🎲 🥛	🥛 🎲 🍎	🍎 🥛 🎲
그렇게 그린 이유	그렇게 그린 이유	그렇게 그린 이유
산이의 방향에서 보았을 때 물건들의 위치는 왼쪽부터 사과, 주사위, 컵입니다. 또, 산이의 방향에서 보았을 때 주사위의 눈의 수는 2입니다.	바다의 방향에서 보았을 때 물건들의 위치는 왼쪽부터 컵, 주사위, 사과입니다. 또, 바다의 방향에서 보았을 때 주사위의 눈의 수는 5입니다.	동생의 방향에서 보았을 때 물건들의 위치는 왼쪽부터 사과, 컵, 주사위입니다. 또, 동생의 방향에서 보았을 때 주사위의 눈의 수는 3입니다.

2 (1)

방향	오른쪽	위
이유	(예) 물을 따를 수 있는 냄비의 코가 왼쪽으로 되어있습니다. 또, 냄비의 손잡이가 보이지 않으려면 오른쪽에서 보아야 합니다.	(예) 냄비 몸체의 깊은 부분이 보이지 않으려면 위쪽에서 보아야 합니다.

(2)

	왼쪽에서 본 모습	뒤에서 본 모습
그림		
이유	(예) 왼쪽에서 보면 냄비의 코가 오른쪽으로 보이고, 냄비의 손잡이가 정면에 동그란 모습으로 보입니다.	(예) 뒤에서 보면 냄비의 코는 보이지 않으며, 냄비의 손잡이가 오른쪽으로 보입니다.

선생님의 참견

보는 방향에 따라 물체의 모양이 달라질 수 있어요. 사진이나 그림을 보고 물체의 어느 방향에서 본 모습인지 추측해 보거나, 여러 방향에서 본 물체의 모습을 상상해 보세요. 생활 속 물체를 여러 방향에서 본 모습을 상상해 보는 활동을 통해 공간 감각을 기를 수 있어요.

개념활용 ❶-1
68~69쪽

1 (㉢)(㉠)(㉡)

2 (①)(③)(②)(④)

3 해설 참조

4 (1)

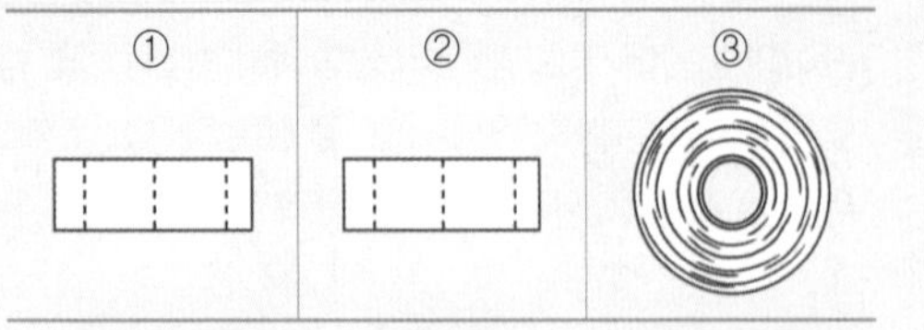

(2)

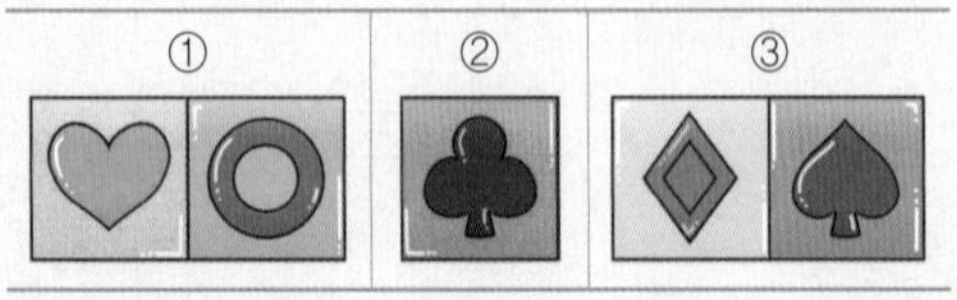

3

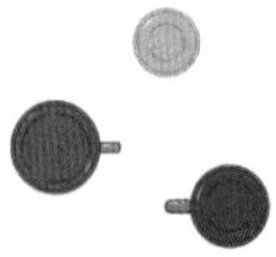	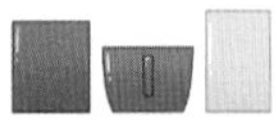
예 컵의 입구 부분이 동그랗게 보이려면 위에서 사진을 찍어야 합니다.	예 컵이 왼쪽부터 초록색, 빨간색, 노란색 순으로 보이려면 오른쪽에서 사진을 찍어야 합니다.

생각열기❷
70~71쪽

1 예 – 7개, 보이는 쌓기나무가 7개이기 때문입니다.
– 8개 또는 정확히 알 수 없습니다. 뒤쪽에 보이지 않는 쌓기나무가 있을 수도 있기 때문입니다.

2 예 – 위에서 본 모양을 그립니다.
– 여러 방향에서 본 모양을 그립니다.
– 각 위치에 있는 쌓기나무의 수를 알아봅니다.
– 각 층별로 쌓기나무의 모양을 표현해 봅니다.
– 겨냥도처럼 쌓기나무가 투명으로 나타나 있으면 정확한 개수를 알 수 있습니다.

3 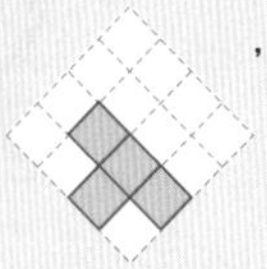, 7개 / 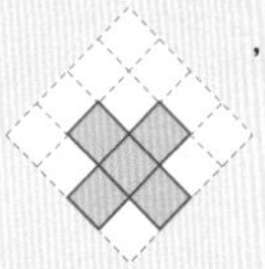, 8개

4 앞, 옆(오른쪽), 위, 뒤, 옆(왼쪽), 아래 / 7개

5 예 위, 앞, 옆(오른쪽)에서 본 모습만 필요합니다. 위, 뒤, 옆(왼쪽)은 각각 아래, 앞, 옆(오른쪽)과 대칭이기 때문입니다.

6 예 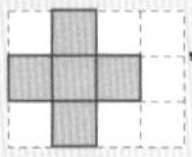, 위 / 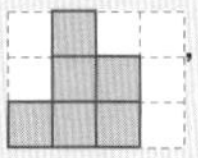, 앞 / 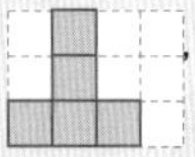, 옆(오른쪽) / 8개

선생님의 참견

쌓기나무로 쌓은 모양을 보고 개수를 추측해 보세요. 이때 뒤쪽에 보이지 않는 부분을 추측하는 것이 쉽지 않아요. 쌓기나무의 수를 정확히 알 수 있는 방법을 생각해 보세요.

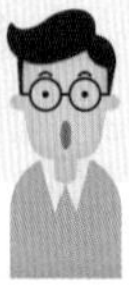

개념활용 ❷-1
72~73쪽

1 (1) 7개 / 7개 또는 8개
(2) 나, 보이지 않는 부분에 숨겨진 쌓기나무가 있는지 알 수 없기 때문입니다.
(3) 7개
(4) 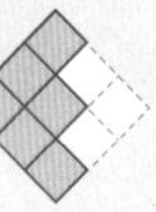
(5) 보이지 않는 부분에 숨겨진 쌓기나무가 있는지를 알 수 있습니다.

2 (1) 위 ㉡, 앞 ㉠, 옆 ㉢
(2) 7개

3 앞 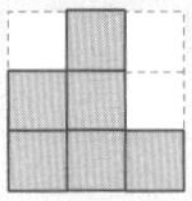 옆 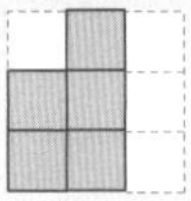 / 8개

4 위 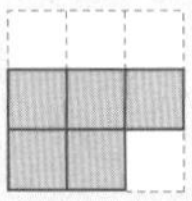 앞 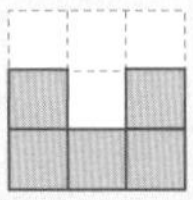 옆 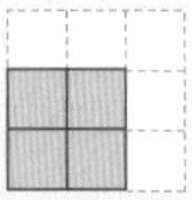 / 7개

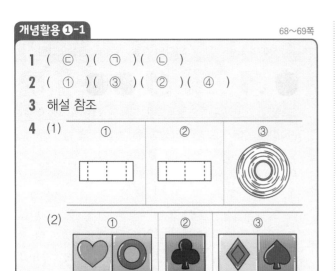

1 (1) ㉠ 1개 또는 2개 ㉡ 2개 / 없습니다에 ○표
　(2) ㉠ 1개 ㉡ 2개

2 (1) 위 / 9개　　(2) 위 / 8개

2	3	1
2	1	

↑ 앞

2	3	2
1		

↑ 앞

3 (위에서부터) 2, 1, 3 / 4개, 5개, 2개

4 (1) 1층　2층　3층 / 10개

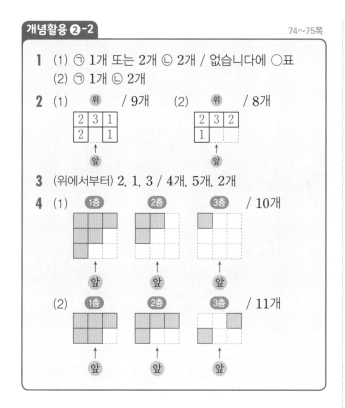

↑ 앞　↑ 앞　↑ 앞

(2) 1층　2층　3층 / 11개

↑ 앞　↑ 앞　↑ 앞

1 (1) ㉠ 자리에 쌓은 쌓기나무는 가려져서 정확히 알 수 없습니다.

1
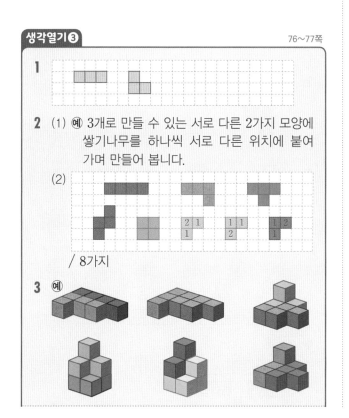

2 (1) 예 3개로 만들 수 있는 서로 다른 2가지 모양에 쌓기나무를 하나씩 서로 다른 위치에 붙여 가며 만들어 봅니다.

(2)

/ 8가지

3 예

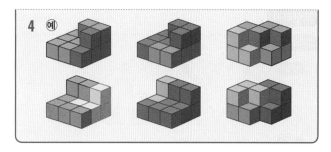

3 이 외에도 다양한 방법이 있을 수 있습니다.

4 이 외에도 다양한 방법이 있을 수 있습니다.

1

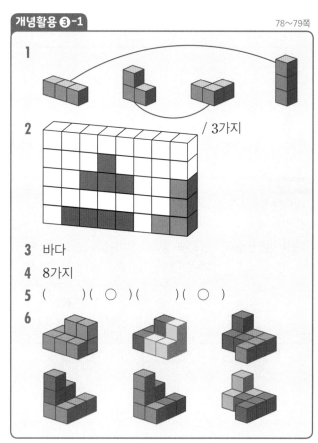

2 / 3가지

3 바다

4 8가지

5 (　　) (○) (　　) (○)

6

3 강이가 만든 모양은 돌리거나 뒤집었을 때 같은 모양이 아닙니다.

4 문제 **3**에서 친구들이 만든 서로 다른 7가지와

 모양을 더하면 총 8가지입니다.

5

스스로 정리

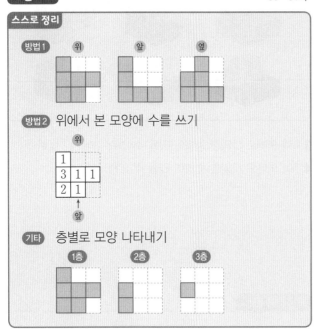

방법1 위 앞 옆

방법2 위에서 본 모양에 수를 쓰기

위

1		
3	1	1
2	1	

↑
앞

기타 층별로 모양 나타내기

1층 2층 3층

개념 연결

위치와 방향	ⓒ은 빨간색 위에 있습니다. ⓒ은 빨간색 오른쪽에 있습니다.
쌓은 모양 설명하기	빨간색 쌓기나무가 1개 있고, 그 앞에 쌓기나무가 1개 있습니다. 빨간색 쌓기나무 왼쪽으로는 쌓기나무 3개가 있는데 왼쪽으로 첫 번째에는 1층, 두 번째에는 2층으로 있습니다.

1 쌓기나무를 쌓은 모양과 개수를 정확히 알기 위해서는 쌓기나무를 여러 방향(위, 앞, 옆)에서 본 모양을 나타내는 것이 필요해.
또 위에서 본 모양에 각 위치에 있는 쌓기나무의 개수를 써넣는 방법도 있지. 그리고 층별 모양을 나타내는 방법도 있어.

1 여러 방향에서 본 그림을 보고 위에서 본 모양에 쌓기나무의 개수를 써넣으면 다음과 같습니다.

위

| 2 | 2 | |
| 1 | 1 | 1 |

↓
앞

따라서 쌓기나무의 개수는 총 7개입니다.

2 앞 옆

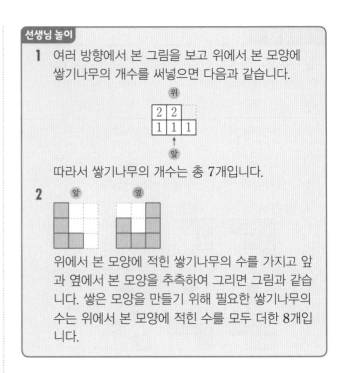

위에서 본 모양에 적힌 쌓기나무의 수를 가지고 앞과 옆에서 본 모양을 추측하여 그리면 그림과 같습니다. 쌓은 모양을 만들기 위해 필요한 쌓기나무의 수는 위에서 본 모양에 적힌 수를 모두 더한 8개입니다.

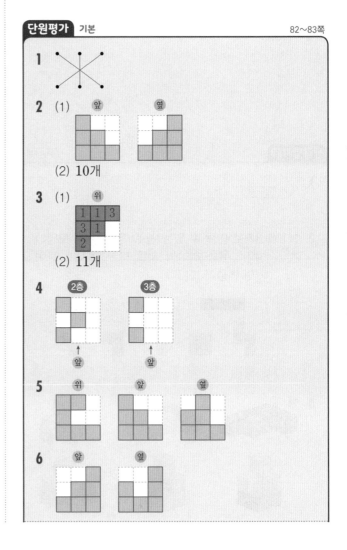

1

2 (1) 앞 옆

(2) 10개

3 (1) 위

1	1	3
3	1	
2		

(2) 11개

4 2층 3층

↑ ↑
앞 앞

5 위 앞 옆

6 앞 옆

7 10개

8

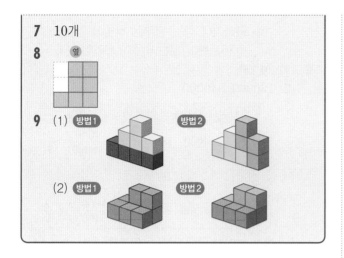

9 (1) **방법1**　　**방법2**

(2) **방법1**　　**방법2**

1 왼쪽 쌓기나무를 위에서 본 모양은 앞에서부터 2개, 3개인 모양이어야 합니다. 따라서 오른쪽에 있는 위에서 본 모양이 됩니다. 가운데 쌓기나무를 위에서 본 모양은 앞에서부터 1개, 3개, 1개(또는 2개)가 되어야 하므로 가운데에 있는 위에서 본 모양이 됩니다. 오른쪽 쌓기나무를 위에서 본 모양은 앞에서부터 1개, 2개, 3개인 모양이어야 합니다. 따라서 왼쪽에 있는 위에서 본 모양이 됩니다.

6 쌓기나무로 쌓으면 다음과 같은 모양이 됩니다.

7 쌓기나무로 쌓으면 다음과 같은 모양이 됩니다.

8 위에서 본 모양을 1층에 쌓으면 쌓기나무 5개가 필요합니다. 앞에서 본 모양을 보면 왼쪽이 3층이므로 어느 한 위치에 2개를 더 쌓으면 쌓기나무는 7개가 됩니다. 쌓기나무 9개로 만든 모양이므로 쌓기나무 2개를 더 사용해야 하는데 가운데 또는 오른쪽 위치는 앞에서 보았을 때 1층이므로 더 쌓을 수 없습니다. 따라서 왼쪽 쌓기나무 2개 위치를 모두 3층으로 쌓으면 다음과 같은 모양이 됩니다.

단원평가 심화　　　　　　　　　　84~85쪽

1 (1) (○)(　　)(　　)(○)(　　)

(2) / 13개

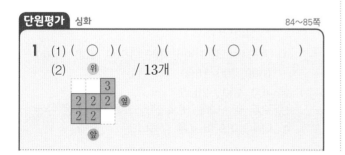

2 / 11개

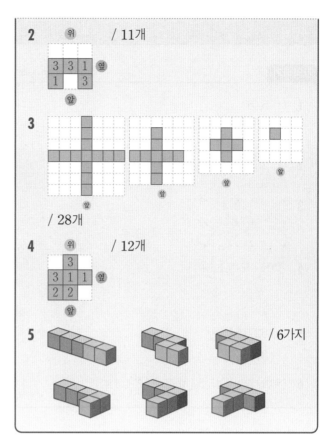

3

/ 28개

4 / 12개

5 / 6가지

1 (2) 위, 앞, 옆에서 본 모습이 위와 같을 때 쌓기나무의 개수가 가장 많은 경우는 다음과 같습니다.

2 조건을 만족하는 쌓기나무의 모양은 아래의 경우 외에도 여러 가지가 있습니다.

예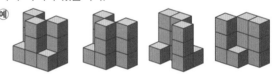

3 위의 규칙에 따라 4층으로 모양을 쌓으면 다음과 같은 모양이 됩니다.

4 위 모양을 쌓기나무로 쌓으면 다음과 같은 모양이 됩니다.

179

4단원 비례식과 비례배분

기억하기

88~89쪽

1 (1) 5, 6
  (2) 5, 6
  (3) 6, 5

2 (1) 25, 13
  (2) 9, 4

3 (선 잇기)

4 (1) $\frac{6}{5}$ (또는 $1\frac{1}{5}$)

  (2) $\frac{5}{6}$

5 (1) 62.5 %
  (2) 37.5 %

6 (위에서부터) 45 %, 0.45, $\frac{145}{100}$, 1.45

5 (1) 전체는 $125+75=200$(그루)입니다.

$$\frac{125}{125+75}\times100=\frac{125}{200}\times100=62.5\,(\%)$$

(2) $\dfrac{75}{125+75}\times100=\dfrac{75}{200}\times100=37.5\,(\%)$

생각열기 ❶

90~91쪽

1 (1)

	처음 깃발	산	바다	하늘	강
가로	24	32	12	72	6
세로	40	48	28	120	10
(가로): (세로)	24 : 40	32 : 48	12 : 28	72 : 120	6 : 10

(2)

		처음 깃발	산	바다	하늘	강
(가로): (세로)의 비율	분수	$\frac{24}{40}$	$\frac{32}{48}$	$\frac{12}{28}$	$\frac{72}{120}$	$\frac{6}{10}$
	기약 분수	$\frac{3}{5}$	$\frac{2}{3}$	$\frac{3}{7}$	$\frac{3}{5}$	$\frac{3}{5}$

(3) 예 – 하늘이와 강이가 만든 깃발은 처음 깃발과 크기는 다르지만 (가로):(세로)의 비율은 같습니다. 산이와 바다가 만든 깃발은 처음 깃발과 크기도 다르고 (가로):(세로)의 비율도 다릅니다.

– 곱하거나 나눈 경우는 비율이 같은데, 더하거나 뺀 경우는 비율이 달라집니다.

2 (1) 20, 90
  (2) 120000, 540000
  (3)

	꿀의 양과 물의 양의 비	비율
식당	4000 : 18000	$\frac{4000}{18000}=\frac{2}{9}$
산	20 : 90	$\frac{20}{90}=\frac{2}{9}$
하늘	120000 : 540000	$\frac{120000}{540000}=\frac{2}{9}$

(4) 예 – 비에서 꿀의 양과 물의 양을 같은 수로 나누어도 비율은 같습니다.
  – 비에서 꿀의 양과 물의 양에 같은 수를 곱하여도 비율은 같습니다.

선생님의 참견

비와 비율의 개념을 이용하여 비의 성질을 알아보는 활동이에요. 비의 전항과 후항에 같은 수를 곱하거나 나누는 경우에 비율이 일정하다는 것을 알 수 있어요. 그러나 같은 수를 더하거나 빼는 경우에는 비율이 변하지요.

개념활용 ❶-1

92~93쪽

1 (1) (위에서부터) 2, 3, 2, 3 / 3, 2, 3, 2
  (2) 8 : 12
  (3) 24 : 36
  (4)

	남학생 수와 여학생 수의 비	비율
1팀일 때	2 : 3	$\frac{2}{3}$
4팀일 때	8 : 12	$\frac{8}{12}=\frac{2}{3}$
12팀일 때	24 : 36	$\frac{24}{36}=\frac{2}{3}$

(5) 비의 전항과 후항에 같은 수를 곱하여도 비율은 같습니다.

2 (1) (위에서부터) 1600, 400, 1600, 400 / 400, 1600, 400, 1600
  (2) 400, 100 / 20, 5
  (3) 모두 같습니다. 비의 전항과 후항을 같은 수로 나누었어도 비율은 같습니다.

1 (2) 1팀일 때는 남학생 수와 여학생 수의 비가 2 : 3이고, 4
팀일 때는 전항과 후항에 4를 곱하여 8 : 12입니다.

(3) 1팀일 때는 남학생 수와 여학생 수의 비가 2 : 3이고,
12팀일 때는 전항과 후항에 12를 곱하여 24 : 36입니
다.

2 (3) 1600 : 400의 비율은 $\dfrac{1600}{400}$=4입니다.

400 : 100의 비율은 $\dfrac{400}{100}$=4입니다.

20 : 5의 비율은 $\dfrac{20}{5}$=4입니다.

94~95쪽

개념활용 ❶-2

1 (1) $\dfrac{3}{8}$: $\dfrac{3}{5}$

(2) 15, 24 / 비의 전항과 후항에 0이 아닌 같은
수를 곱하여도 비율은 같습니다.

(3) 5, 8 / 비의 전항과 후항을 0이 아닌 같은 수로
나누어도 비율은 같습니다.

(4) 5, 8

2 (1) 1.4 : 6.3

(2) 2 : 9

3 (1) 해설 참조

(2) 해설 참조

2 (2) 전항과 후항에 각각 10을 곱하면 14 : 63입니다.
14와 63의 최대공약수는 7이므로, 전항과 후항을 각각
7로 나누어 간단한 자연수의 비로 나타내면 2 : 9입니다.

3 (1) 비의 후항을 소수로 바꾸면 2.3 : 2.5입니다. 전항과 후
항에 각각 10을 곱하여 간단한 자연수의 비로 나타내
면 23 : 25입니다.

(2) 비의 전항을 분수로 바꾸면 $\dfrac{23}{10}$: $\dfrac{5}{2}$입니다. 전항과 후
항에 각각 10을 곱하여 간단한 자연수의 비로 나타내
면 23 : 25입니다.

생각열기 ❷

96~97쪽

1 (1) 해설 참조

(2) 태극기의 크기는 다르지만 비율은 모두 같습니다.

(3) 해설 참조

2 (1) 110, 5, 330, 15

(2) 바다: 22, 하늘: 22

(3) 비율은 22로 같습니다. 즉 110 : 5와 330 : 15
는 비율이 같은 비입니다.

(4) ×3, ×3

(5) 35분, 해설 참조

1 (1)

	가로와 세로의 비	비율
월드컵 응원전의 태극기	60 : 40	$\dfrac{60}{40}=\dfrac{3}{2}$
학교에 게양된 태극기	153 : 102	$\dfrac{153}{102}=\dfrac{3}{2}$
집에 있는 태극기	90 : 60	$\dfrac{90}{60}=\dfrac{3}{2}$
휴대용 태극기	45 : 30	$\dfrac{45}{30}=\dfrac{3}{2}$

(3) 산이가 만든 태극기의 가로와 세로의 비는 27 : 18입니
다. 27 : 18의 비율을 구하면 $\dfrac{27}{18}=\dfrac{3}{2}$입니다. 위의 태
극기의 가로와 세로의 비율과 같습니다.

2 (2) 바다가 말한 내용에서 복사기로 복사할 수 있는 장수와
시간의 비율은 110 : 5 ⇨ $\dfrac{110}{5}$=22입니다. 하늘이가
말한 내용에서 복사기로 복사할 수 있는 장수와 시간의
비율은 330 : 15 ⇨ $\dfrac{330}{15}$=22입니다.

(3) 바다와 하늘이가 말한 비의 비율은 모두 22이므로
110 : 5와 330 : 15는 비율이 같습니다.

(5)

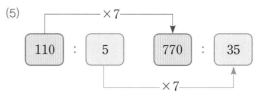

110 : 5에서 110이 770이 되도록 하려면 7을 곱해야
하므로, 5에도 7을 곱하면 770장을 복사하는 데 걸리
는 시간은 35분입니다.

선생님의 참견

비율을 구하면 비는 다르더라도 비율은 같을 수 있다는 것을
알 수 있어요. 비의 성질을 연결하여 비율이 같은 비
를 만들면 여러 가지 문제를 해결할 수 있어요.

개념활용 ❷-1

1 (1)

비	36 : 28	5 : 9	12 : 18
비율	$\dfrac{36}{28}=\dfrac{9}{7}$	$\dfrac{5}{9}$	$\dfrac{12}{18}=\dfrac{2}{3}$
비	24 : 36	9 : 7	15 : 27
비율	$\dfrac{24}{36}=\dfrac{2}{3}$	$\dfrac{9}{7}$	$\dfrac{15}{27}=\dfrac{5}{9}$

(2) 36 : 28＝9 : 7 / 5 : 9＝15 : 27 /
　　12 : 18＝24 : 36
(3) (위에서부터) 9, 7 / 9, 7 / 28, 9, 36, 7

2 (1) 12, 15
(2) 외항: 4, 15　내항: 5, 12
(3) (위에서부터) 9, 2, 9, 9
(4) 외항: 18, 9　내항: 81, 2

3 5 : 3＝1.5 : 0.9 / 3 : 4＝$\dfrac{1}{4}$: $\dfrac{1}{3}$

---

3 각각의 비율을 구합니다.

$5:3 \Rightarrow \dfrac{5}{3}$, $3:4 \Rightarrow \dfrac{3}{4}$, $12:15 \Rightarrow \dfrac{12}{15}=\dfrac{4}{5}$,

$1.5:0.9=15:9 \Rightarrow \dfrac{15}{9}=\dfrac{5}{3}$, $\dfrac{1}{4}:\dfrac{1}{3}=3:4 \Rightarrow \dfrac{3}{4}$으

로 비율이 같은 비는 5 : 3과 1.5 : 0.9, 3 : 4와 $\dfrac{1}{4}$: $\dfrac{1}{3}$입
니다.

비례식으로 나타내면 5 : 3＝1.5 : 0.9와 3 : 4＝$\dfrac{1}{4}$: $\dfrac{1}{3}$입
니다.

개념활용 ❷-2

1 (1) 3 : 4＝750 : 1000
(2) 3000, 3000
(3) 비례식에서 외항의 곱과 내항의 곱은 같습니다.

2 (1) 외항의 곱은 63, 내항의 곱은 63으로 외항의
　　곱과 내항의 곱이 같습니다.
(2) 외항의 곱은 60, 내항의 곱은 60으로 외항의
　　곱과 내항의 곱이 같습니다.
(3) 외항의 곱은 3, 내항의 곱은 3으로 외항의 곱과
　　내항의 곱이 같습니다.

---

3 (1) 6 : 8＝48 : □
(2) 6×□
(3) 8×48＝384
(4) 64
(5) 해설 참조

4 (1) × / 해설 참조
(2) ○ / 해설 참조
(3) × / 해설 참조
(4) ○ / 해설 참조

---

1 (1) 3 : 4의 비율은 $\dfrac{3}{4}$, 750 : 1000의 비율도 $\dfrac{750}{1000}=\dfrac{3}{4}$입
니다. 두 비의 비율이 같으므로 비례식으로 나타낼 수
있습니다.

(2) 3 : 4＝750 : 1000에서 외항은 3, 1000이므로 외항의
곱은 3×1000＝3000입니다.
3 : 4＝750 : 1000에서 내항은 4, 750이므로 내항의
곱은 4×750＝3000입니다.

(3) 외항의 곱은 3000, 내항의 곱은 3000으로 외항의 곱
과 내항의 곱이 같습니다.

2 (1) 3 : 7＝9 : 21에서 외항의 곱은 3×21＝63, 내항의
곱은 7×9＝63입니다.

(2) 4 : 10＝6 : 15에서 외항의 곱은 4×15＝60, 내항의
곱은 10×6＝60입니다.

(3) 0.6 : 1.5＝2 : 5에서 외항의 곱은 0.6×5＝3, 내항의
곱은 1.5×2＝3입니다.

3 (1) 운동장의 세로를 □ m라 하고 비례식을 세우면
6 : 8＝48 : □입니다.

(4) 외항의 곱과 내항의 곱이 같으므로 6×□＝8×48입
니다. 6×□＝384이므로 □＝64입니다.

(5) 6 : 8＝48 : □에서 전항 48은 6×8이므로
후항 □＝8×8＝64(m)입니다.

4 (1) 외항의 곱 4×19＝76, 내항의 곱 9×14＝126 으로
외항의 곱과 내항의 곱이 다르므로 비례식이 아닙니다.

(2) 외항의 곱 18×2＝36, 내항의 곱 12×3＝36으로
외항의 곱과 내항의 곱이 같으므로 비례식입니다.

(3) 외항의 곱 14×2＝28, 내항의 곱 49×7＝343으로
외항의 곱과 내항의 곱이 다르므로 비례식이 아닙니다.

(4) 외항의 곱 54×5＝270, 내항의 곱 45×6＝270으로
외항의 곱과 내항의 곱이 같으므로 비례식입니다.

개념활용 ❷-3

1 (1) (위에서부터) 24, ×4, 24
(2) 39개
(3) 46개

2 (1) 해설 참조
(2) 해설 참조

3 (1) 4 : 800＝7 : □
(2) 1400 g / 해설 참조

---

1 (2) 먼저 26이 4의 몇 배인지 구하면 26÷4＝6.5입니다.
4 : 6＝(4×6.5) : (6×6.5)＝26 : 39이므로 빵 26개를 만들기 위해 필요한 달걀은 39개입니다.

(3) 빵의 수를 □개라고 하면 4 : 6＝□ : 69입니다.
외항의 곱과 내항의 곱이 같다는 것을 이용하면
4×69＝6×□에서 6×□＝276 이므로 □＝46입니다.

2 (1) 먼저 360이 20의 몇 배인지 구하면 360÷20＝18입니다.
20 : 500＝(20×18) : (500×18)＝360 : 9000이므로 바닷물은 9000 L가 필요합니다.

(2) 필요한 바닷물의 양을 □ L라 하여 비례식을 세우면
20 : 500＝360 : □입니다.
비례식의 성질을 이용하면
20×□＝500×360＝180000이므로
□＝9000입니다.
필요한 바닷물은 9000 L입니다.

3 (2) 4 : 800＝7 : □에서 비례식의 성질을 이용하면 4×□＝800×7＝5600 이므로 □＝1400입니다. 비례식에서 외항의 곱과 내항의 곱은 같다는 비례식의 성질을 이용하여 밥의 양을 구했습니다.

생각열기 ❸

1 (1) 예

바다의 쿠키 수	3	6	9	12	15
하늘이의 쿠키 수	2	4	6	8	10
전체 쿠키 수	5	10	15	20	25

(2) 바다: 12개, 하늘: 8개
(3) 산이의 말이 맞습니다. / 해설 참조

2 (1) 해설 참조
(2) 해설 참조

---

1 (2) (1)의 표에서 구할 수 있습니다.

(3) 쿠키 30개를 전체의 $\frac{3}{5}$과 전체의 $\frac{2}{5}$로 나누면

$30×\frac{3}{5}＝18$(개), $30×\frac{2}{5}＝12$(개)입니다.

$18 : 12＝3 : 2$이므로 산이의 말이 맞습니다.

$3 : 2$로 나누어 가질 때 3은 전체 5의 $\frac{3}{5}$이고, 2는 전체 5의 $\frac{2}{5}$입니다.

2 (1) 예

산이가 걷은 컬러콘 수	9	18	27	36	45
강이가 걷은 컬러콘 수	8	16	24	32	40
전체 컬러콘 수	17	34	51	68	85

산이가 모은 컬러콘은 27개이고, 전체의 $\frac{27}{51}$ (또는 $\frac{9}{17}$)입니다.

강이가 모은 컬러콘은 24개이고, 전체의 $\frac{24}{51}$ (또는 $\frac{8}{17}$)입니다.

(2) 예

산이가 걷은 컬러콘 수	4	8	12	16	20	24
강이가 걷은 컬러콘 수	5	10	15	20	25	30
전체 컬러콘 수	9	18	27	36	45	54

산이가 모은 컬러콘은 24개이고, 전체의 $\frac{24}{54}$ (또는 $\frac{4}{9}$)입니다.

강이가 모은 컬러콘은 30개이고, 전체의 $\frac{30}{54}$ (또는 $\frac{5}{9}$)입니다.

선생님의 참견

물건 또는 양을 나눌 때 비례 관계에 따라 나누는 방법을 찾아보세요. 비에 따라 알맞게 나누는 양을 계산하는 규칙을 찾아보세요.

1 (1) 해설 참조

(2) (위에서부터) $\dfrac{3}{7}$, $\dfrac{4}{7}$, $\dfrac{3}{3+4}$, $\dfrac{4}{3+4}$

2 (1) (왼쪽에서부터) $\dfrac{8}{13}$ / $\dfrac{5}{8+5}$, $\dfrac{5}{13}$

(2) 16개, 10개

(3) 같습니다.

3 (1) 420, 420 / 480

(2) 산이는 비례배분을 이용하여 곰 팬케이크를 만드는 데 필요한 반죽의 양을 구했고, 강이는 비례식을 이용하여 물고기 팬케이크를 만드는 데 필요한 반죽의 양을 구했습니다.

---

1 (1) 예 방법1 28개를 3 : 4의 비로 나누어 가지므로, 바다와 하늘이가 3개, 4개, 3개, 4개, 3개, 4개, 3개, 4개로 묶어 나누어 가진 후 묶음에 속한 사과의 수를 셉니다.

바다는 12개, 하늘이는 16개를 가집니다.

방법2 28개를 3 : 4의 비로 묶어 보면 3은 28개의 $\dfrac{3}{7}$ 만큼, 4는 28개의 $\dfrac{4}{7}$만큼입니다.

바다는 12개, 하늘이는 16개를 가집니다.

2 (2) 바다: $26 \times \dfrac{8}{8+5} = 26 \times \dfrac{8}{13} = 16$(개)

하늘: $26 \times \dfrac{5}{8+5} = 26 \times \dfrac{5}{13} = 10$(개)

(3) 바다와 하늘이가 나누어 가지는 귤의 합은 $16 + 10 = 26$(개)로 나누기 전의 귤 26개와 같습니다.

스스로 정리

1 예 2 : 1 = 4 : 2와 같이 비율이 같은 두 비를 등호 (=)를 이용하여 나타낸 식을 비례식이라고 합니다.

비례식에서는 외항의 곱과 내항의 곱이 같습니다. 예를 들어 비례식 2 : 1 = 4 : 2에서 외항의 곱은 $2 \times 2 = 4$이고, 내항의 곱은 $1 \times 4 = 4$로 서로 같습니다.

2 10을 3 : 2로 비례배분하면 $10 \times \dfrac{3}{3+2} = 6$, $10 \times \dfrac{2}{3+2} = 4$입니다.

개념 연결

분수의 성질	– 분수의 분자, 분모에 0이 아닌 똑같은 수를 곱해도 분수는 같습니다.
	– 분수의 분자, 분모를 0이 아닌 똑같은 수로 나누어도 분수는 같습니다.
비율의 뜻과 성질	비에서 기준량에 대한 비교하는 양의 크기를 비율이라고 하며, (비율) = (비교하는 양) ÷ (기준량) = $\dfrac{(비교하는 양)}{(기준량)}$ 으로 계산합니다.

1　비의 성질은 다음 두 가지야.

① 비의 전항과 후항에 0이 아닌 같은 수를 곱하여도 비율은 같다.

② 비의 전항과 후항을 0이 아닌 같은 수로 나누어도 비율은 같다.

비 (전항) : (후항)의 비율은 $\dfrac{(전항)}{(후항)}$인데, ① 전항과 후항에 0이 아닌 같은 수를 곱한 비의 비율은 $\dfrac{(전항) \times (같은 수)}{(후항) \times (같은 수)}$야. 그런데 이것은 분수의 성질에 의해서 처음 비율 $\dfrac{(전항)}{(후항)}$과 같다는 것을 알 수 있어.

②도 마찬가지지. ①에서 곱하는 것이 나누는 상황으로 바뀌는 것일 뿐 결과는 마찬가지야.

1 60분 / 해설 참조

2 바다: 8권, 강: 28권 / 해설 참조

---

1 방법1

216 km를 달리는 데 필요한 충전 시간을 □분이라 하면
20 : 72＝□ : 216입니다.
72×3＝216이므로, □＝20×3＝60입니다.

방법2

비례식 20 : 72＝□ : 216에서 외항의 곱은 내항의 곱과 같으므로 20×216＝□×72이고

$□＝\dfrac{20×216}{72}＝20×3＝60$입니다.

2 바다의 몫은 전체의 $\dfrac{2}{2+7}＝\dfrac{2}{9}$이므로

$36×\dfrac{2}{9}＝8$(권)이고, 강이의 몫은 전체의

$\dfrac{7}{2+7}＝\dfrac{7}{9}$이므로 $36×\dfrac{7}{9}＝28$(권)입니다.

단원평가 기본   110〜111쪽

1 12, 17

2 (1) 6, 54
　　(2) 18, 4

3 (1) 7 : 15
　　(2) 14 : 25
　　(3) 2 : 3

4 (1) 6 : 2
　　(2) 14 : 18
　　(3) 7 : 3

5 (1) 63
　　(2) 7
　　(3) 7

6 (1) ×, 이유 내항의 곱과 외항의 곱이 다릅니다.
　　(2) ○, 이유 내항의 곱과 외항의 곱이 같습니다.

7 300 L

8 강: 21개, 하늘: 27개

9 1200원

10 240 cm²

11 9, 15

12 240 km

13 15 : 35

14 180 kg

---

3 (1) $0.7 : 1.5＝(0.7×10) : (1.5×10)＝7 : 15$

(2) $\dfrac{2}{5} : \dfrac{5}{7}＝\left(\dfrac{2}{5}×35\right) : \left(\dfrac{5}{7}×35\right)＝14 : 25$

(3) $16 : 24＝(16÷8) : (24÷8)＝2 : 3$

4 $14 : 18 ⇨ \dfrac{14}{18}＝\dfrac{7}{9}, \ 6 : 2 ⇨ \dfrac{6}{2}＝3,$

$9 : 2 ⇨ \dfrac{9}{2}, \ 7 : 3 ⇨ \dfrac{7}{3}$

(1) 3 : 1은 비율이 3이므로 3 : 1＝6 : 2

(2) 7 : 9는 비율이 $\dfrac{7}{9}$이므로 7 : 9＝14 : 18

(3) 49 : 21은 비율이 $\dfrac{49}{21}＝\dfrac{7}{3}$이므로 49 : 21＝7 : 3

5 (1) $6 : 7＝54 : □ ⇨ 6×□＝7×54＝378$
　　　$⇨ □＝63$

(2) $84 : 24＝□ : 2 ⇨ 24×□＝84×2＝168$
　　　$⇨ □＝7$

(3) $□ : 5＝56 : 40 ⇨ □×40＝5×56＝280$
　　　$⇨ □＝7$

6 (1) 5 : 7＝25 : 27은 비례식이 아닙니다.
　　　내항의 곱은 $5 × 27＝135$이고, 외항의 곱은 $7×25＝175$로 내항의 곱과 외항의 곱이 다르므로 비례식이 아닙니다.

(2) 4.8 : 7＝24 : 35는 비례식입니다.
　　　내항의 곱은 $4.8×35＝168$이고, 외항의 곱은 $7×24＝168$로 내항의 곱과 외항의 곱이 같으므로 비례식입니다.

7 바닷물의 양을 □L라 하면 30 : 750＝12 : □입니다.
비례식의 성질을 이용하면
$30×□＝750×12＝9000$ 이므로 □＝300입니다.
필요한 바닷물은 300 L입니다.

8 강: $48×\dfrac{7}{7+9}＝48×\dfrac{7}{16}＝3×7＝21$(개)

하늘: $48×\dfrac{9}{7+9}＝48×\dfrac{9}{16}＝3×9＝27$(개)

9 필요한 금액을 □원이라 하면 40 : 6000＝8 : □입니다.
비례식의 성질을 이용하면
$40×□＝6000×8＝48000$ 이므로 □＝1200입니다.
요구르트 8병을 사려면 1200원이 필요합니다.

10 높이를 □ cm라 하면 6 : 5＝24 : □입니다. 비례식의 성질을 이용하면 $6×□＝5×24＝120$이므로 □＝20입니다. 밑변이 24 cm이고, 높이가 20 cm인 삼각형의 넓이는 $24×20÷2＝240$(cm²)입니다.

11 ○ : 12＝□ : 20에서 내항의 곱이 180이므로 $12×□＝180$이고 □＝15입니다.
비례식에서 내항의 곱이 180이면 외항의 곱도 180이므로

○×20=180이고 ○=9입니다.

따라서 구하는 비례식은 9 : 12=15 : 20입니다.

12 2시간 30분 동안 간 거리를 □ km라 하고, 시간을 소수로 바꾸어 비례식을 세웁니다. 1시간 30분은 1.5시간이고 2시간 30분은 2.5시간이므로 1.5 : 144=2.5 : □입니다.

비례식의 성질을 이용하면

1.5×□=144×2.5=360이므로 □=240입니다.

따라서 2시간 30분 동안 간 거리는 240 km입니다.

13 구하고자 하는 비는 3 : 7과 비율이 같은 비이므로, 비의 성질을 이용하여 비율이 같은 비를 만들어 봅니다.

3 : 7=6 : 14=9 : 21=12 : 28=15 : 35=18 : 42와 같이 찾을 수 있습니다.

전항과 후항의 차가 20이 되는 비는 15 : 35입니다.

14 판매한 고구마의 양과 남은 고구마 양의 비는

60 : 40=3 : 2입니다.

판매한 고구마의 양을 □ kg이라 하면

3 : 2=□ : 120입니다.

비례식의 성질을 이용하면

3×120=2×□ 이므로 □=180입니다.

4 금요일 오후 3시부터 일주일 뒤 금요일 오전 3시까지는 6일 12시간이고 소수로 나타내면 6.5일입니다. 느려진 시간을 □분이라 하면 1 : 2=6.5 : □입니다.

□=2×6.5=13(분)입니다.

일주일 뒤 금요일 오전 3시에 하늘이네 교실의 시계는 13분 느려져 있으므로 시계가 가리키는 시각은 오전 2시 47분입니다.

5 더 채워야 하는 높이는 15 cm입니다. 15 cm에 대한 쌀의 양이 30 kg이라는 것을 이용하여 뒤주에 들어 있는 쌀의 양을 구합니다.

뒤주에 들어 있는 쌀의 양을 □ kg이라 하면

□ : 35=30 : 15입니다.

□×15=35×30이므로 □=70입니다.

뒤주에 들어 있는 쌀은 70 kg입니다.

6 하늘이와 바다의 투자 금액의 비는

120 : 180=2 : 3입니다.

이익금의 전체 금액을 □만 원이라 하면

$□×\dfrac{2}{2+3}=□×\dfrac{2}{5}=36$이므로 □=90입니다.

하늘이와 바다가 진로 현장 학습 체험에서 얻은 이익금은 모두 90만 원입니다.

단원평가 심화　　　112~113쪽

1　4.9 kg
2　588명
3　9.5 km
4　해설 참조 / 오전 2시 47분
5　해설 참조 / 70 kg
6　해설 참조 / 90만 원

1 고춧가루의 양을 □ kg이라 하면 6 : 7=4.2 : □입니다.

6×□=7×4.2=29.4 이므로 □=4.9입니다.

2 $1029×\dfrac{12}{9+12}=1029×\dfrac{12}{21}=588$(명)

3 산이와 강이가 자전거를 타고 이동한 길은 학교-도서관-축구장-학교입니다.

지도에서 거리는 6+5+8=19(cm)입니다.

실제 거리를 □ cm라 하면 1 : 50000=19 : □입니다.

1×□=50000×19=950000이므로

(이동한 거리)=950000 cm=9500 m=9.5 km입니다.

5단원 원의 넓이

116~117쪽

기억하기

1 ㉠ 중심 ㉡ 지름 ㉢ 반지름

2 12 cm, 6 cm

3 32 cm

4 22 cm

5 (1) 64 cm²
　(2) 18 cm²

6 (1) 45.5
　(2) 28
　(3) 3.45
　(4) 3.13

3 선분 ㄱㄴ, 선분 ㄹㄱ은 작은 원의 반지름으로 선분의 길이
　는 각각 6 cm입니다.
　선분 ㄴㄷ, 선분 ㄷㄹ은 큰 원의 반지름으로 선분의 길이는
　각각 10 cm입니다.
　그러므로 사각형 ㄱㄴㄷㄹ의 둘레의 길이는
　$6+10+10+6=32$(cm)입니다.

5 (1) 정사각형의 넓이는 (한 변의 길이)×(한 변의 길이)이므
　로 $8×8=64$(cm²)입니다.

　(2) 마름모의 넓이는 (한 대각선의 길이)×(다른 대각선의
　길이)÷2이므로 $6×6÷2=18$(cm²)입니다.

생각열기 ❶

118~119쪽

1 (1) 하늘, 바다, 강
　(2) 80 m, 4 / 60 m, 3
　(3) ⓓ 바다가 달린 거리는 선분 ㄱㄴ의 3배보다는
　　　크고 4배보다는 작습니다.

2 (1) 해설 참조
　(2) 해설 참조

1 (2) 도형의 둘레를 구합니다.
　　강이는 한 변이 20 m인 정사각형의 둘레를 돌았으므
　　로 $20×4=80$(m)를 달렸습니다.
　　하늘이는 정육각형의 길을 돌았는데, 정육각형의 한 변의
　　길이는 원의 반지름과 같습니다. 원의 반지름은 10 m
　　이므로 하늘이가 움직인 거리는 $10×6=60$(m)입니다.
　　선분 ㄱㄴ의 길이는 20 m이므로 강이가 달린 거리는
　　선분 ㄱㄴ의 길이의 4배이고, 하늘이가 달린 거리는 선
　　분 ㄱㄴ의 길이의 3배입니다.

(3) 바다가 움직인 거리는 원의 둘레인데 그림에서는 정확
　하게 측정하기 어렵기 때문에 강이와 하늘이가 움직인
　거리와 비교하는 말로 나타내는 것이 좋습니다. 강이가
　달린 거리는 원의 지름의 4배이고, 하늘이가 달린 거리
　는 원의 지름의 3배입니다. 바다가 달린 거리는 강이가
　달린 거리보다는 작고 하늘이가 달린 거리보다는 크므
　로 원의 지름의 3배보다는 크고 4배보다는 작습니다.

2 (1) 지름을 표시하면 다음과 같습니다.

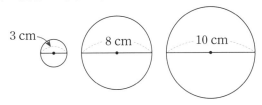

(2) • 원의 둘레는 $3×3=9$(cm)보다는 크고
　　$3×4=12$(cm)보다는 작습니다.
　• 원의 둘레는 $8×3=24$(cm)보다는 크고
　　$8×4=32$(cm)보다는 작습니다.
　• 원의 둘레는 $10×3=30$(cm)보다는 크고
　　$10×4=40$(cm)보다는 작습니다.
　원의 둘레는 지름의 3배보다는 크고 4배보다는 작기
　때문입니다.

선생님의 참견

놀이터에서 놀이하는 장면을 상상하면서 정사각형의
둘레와 정육각형의 둘레의 길이를 알아보고, 원주와
비교해 보아요. 지름의 길이로 원주를 추측해 보아요.

개념활용 ❶-1

120~121쪽

1 (1) ⓓ – 줄자로 재어 봅니다.
　　　– 가위로 종이컵을 세로로 자른 뒤 펼쳐서
　　　길이를 재어 봅니다.
　(2) 해설 참조
　(3) 원의 둘레는 지름의 약 3배입니다.

2 해설 참조

3 (1) 원의 지름이 길어지면 원주도 길어지고, 원의
　　지름이 짧아지면 원주도 짧아집니다.
　(2) 원의 크기에 상관없이 원주율은 약 3으로 일정
　　합니다.

1 (2)

	둘레(cm)	지름(cm)	(둘레)÷(지름)
종이컵 위의 원	22	7	3.142……
종이컵 아래의 원	16	5	3.2

2

물건	원주	지름	(원주)÷(지름)
훌라후프	220	70	3.142……
딱풀	9.4	3	3.133……
시계	95	30	3.166……
종이 접시	46	15	3.066……

물건	원주율		
	반올림하여 일의 자리까지	반올림하여 소수 첫째 자리까지	반올림하여 소수 둘째 자리까지
훌라후프	3	3.1	3.14
딱풀	3	3.1	3.13
시계	3	3.2	3.17
종이 접시	3	3.1	3.07

122~123쪽

개념활용 ❶-2

1 (1) 다 / 예 원의 크기가 가장 크기 때문입니다.
  (2) (원주)÷(지름)=(원주율)입니다. 지름을 알고 있을 때 (지름)×(원주율)로 원주를 구할 수 있습니다.
  (3) 해설 참조
  (4) 31.4 cm / 94.2 cm / 157 cm
  (5) 188.4 cm

2 (1) 예 500원짜리 동전이 가장 크기 때문에 가장 멀리까지 굴러갈 것 같습니다.
  (2) 해설 참조
  (3) 해설 참조
  (4) (원주)÷(원주율)을 계산하여 지름을 구합니다.

1 (3)

원형 거울	지름(cm)	원주(cm)
가	10	31.4
나	30	94.2
다	50	157

(5) 60×3.14=188.4(cm)

2 (2) 50원: 6.8 cm, 100원: 7.6 cm, 500원: 8.4 cm
측정 결과가 다를 수 있습니다.

(3) 예

	50원짜리 동전	100원짜리 동전	500원짜리 동전
원주(cm)	6.8	7.6	8.4
지름(cm)	약 2.19	약 2.45	약 2.71

생각열기 ❷

124~125쪽

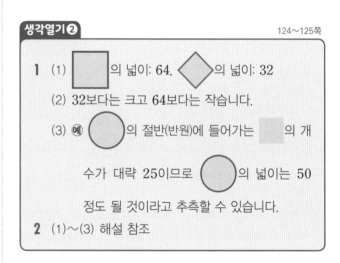

1 (1) ☐ 의 넓이: 64, ◇ 의 넓이: 32
  (2) 32보다는 크고 64보다는 작습니다.
  (3) 예 ○ 의 절반(반원)에 들어가는 ☐ 의 개수가 대략 25이므로 ○ 의 넓이는 50 정도 될 것이라고 추측할 수 있습니다.

2 (1)~(3) 해설 참조

1 (1)  ☐ 는 ☐ 이 가로로 8개, 세로로 8개로 채워져 있으므로, 8×8=64(개)입니다.

◇ 는 ☐ 이 2+4+6+6+4+2=24(개)이고,

☐ 의 $\frac{1}{2}$ 이 16개이므로 ☐ 는 8개입니다. 그러므로

◇ 의 넓이는 24+8=32(개)입니다.

(2)  ○ 의 넓이는 ◇ 의 넓이 32보다 큽니다. 또

☐ 의 넓이 64보다 작습니다. 그러므로 ○ 의 넓이는 32보다는 크고 64보다는 작습니다.

2 (1) 예 바다가 만든 원의 넓이는 18보다는 크고 36보다는 작습니다.
  강이가 만든 원의 넓이는 72보다는 크고 144보다는 작습니다.
  (2) 원을 포함하고 있는 정사각형의 넓이보다는 작고, 원 안에 들어가는 마름모의 넓이보다는 큽니다. 원의 지름을 한 변으로 하는 정사각형의 넓이보다는 작고, 원의 지름을 한 대각선으로 하는 마름모의 넓이보다는 큽니다.

(3) 하늘이가 만든 원은 반지름이 9이므로 지름은 18입니다. 하늘이가 만든 원의 넓이는 한 변이 18인 정사각형의 넓이보다는 작고, 한 대각선이 18인 마름모의 넓이보다는 큽니다. 마름모의 넓이는 $18 \times 18 \times \frac{1}{2} = 162$이고 정사각형의 넓이는 $18 \times 18 = 324$이므로 하늘이가 만든 원의 넓이는 162보다는 크고 324보다는 작습니다.

선생님의 참견

원을 둘러싸고 있는 정사각형의 넓이와 원 안에 있는 마름모의 넓이를 이용하여 원의 넓이를 어림해 보아요. 원 안에 들어갈 수 있는 작은 정사각형의 개수를 세면 원의 넓이를 더 정확하게 추측할 수 있어요.

개념활용 ❷-1

126~127쪽

1 (1) ㉠ 원주의 $\frac{1}{2}$ ㉡ 반지름 ㉢ 원주의 $\frac{1}{2}$

㉣ 원주의 $\frac{1}{2}$ ㉤ 반지름 ㉥ 원주의 $\frac{1}{2}$

㉦ 원주의 $\frac{1}{2}$ ㉧ 반지름 ㉨ 원주의 $\frac{1}{2}$

(2) 해설 참조

(3) (원의 넓이)=(원주의 $\frac{1}{2}$)×(반지름)으로 구할 수 있습니다.

2 (1) 레코드판과 CD의 반지름의 길이, 원주율

(2) 레코드판: 697.5 cm², CD: 111.6 cm²

3 (1) 27.9 cm²

(2) 49.6 cm²

1 (2)

32등분했을 때 평행사변형 비슷한 모양이 나왔으므로, 64등분, 128등분과 같이 한없이 등분하여 붙이면 평행사변형(또는 직사각형) 모양에 가까워질 것 같습니다.

2 (2) 레코드 판과 CD의 지름이 각각 30 cm, 12 cm이므로 반지름은 15 cm, 6 cm입니다.

레코드 판의 넓이: $15 \times 15 \times 3.1 = 697.5$(cm²)

CD의 넓이: $6 \times 6 \times 3.1 = 111.6$(cm²)

3 (1) $3 \times 3 \times 3.1 = 27.9$(cm²)

(2) $4 \times 4 \times 3.1 = 49.6$(cm²)

개념활용 ❷-2

128~129쪽

1 (1) 해설 참조

(2) (그림 순서대로) 3.1 cm², 12.4 cm², 27.9 cm²

(3) 반지름이 2배, 3배 길어지면 넓이는 4배, 9배로 커집니다.

2 (1) 지름이 26 cm인 원의 넓이에서 지름이 20 cm인 원의 넓이를 뺍니다.

(2) 213.9 cm²

3 (1) 예 초록색, 빨간색, 노란색

(2) 27, 48, 33

(3) 해설 참조

4 (1) 16 cm²

(2) 378 cm²

1 (1) 예 – 반지름이 3배이므로 넓이도 3배가 될 것 같습니다.

– 반지름이 3배이므로 넓이는 3배보다 더 클 것 같습니다.

(2) 파란색 원의 넓이: $1 \times 1 \times 3.1 = 3.1$(cm²)

초록색 원의 넓이: $2 \times 2 \times 3.1 = 12.4$(cm²)

주황색 원의 넓이: $3 \times 3 \times 3.1 = 27.9$(cm²)

2 (2) 지름이 26 cm인 원의 반지름은 13 cm이고, 지름이 20 cm인 원의 반지름은 10 cm입니다.

(테두리의 넓이)=(큰 원의 넓이)−(작은 원의 넓이)

$=(13 \times 13 \times 3.1) - 10 \times 10 \times 3.1$

$=523.9 - 310 = 213.9$(cm²)

3 (1) 초록색, 노란색, 빨간색 등 다양하게 나올 수 있습니다.

(2) 노란색 부분의 넓이는 $3 \times 3 \times 3 = 27$(cm²)입니다.

초록색 부분의 넓이는 반지름이 5 cm인 원의 넓이에서 노란색 원의 넓이를 뺍니다.

$(5 \times 5 \times 3) - 27 = 75 - 27 = 48$(cm²)

빨간색 부분의 넓이는 반지름이 6 cm인 원의 넓이에서 반지름이 5 cm인 원의 넓이를 뺍니다.

$(6 \times 6 \times 3) - (5 \times 5 \times 3) = 108 - 75 = 33$(cm²)

(3) (1)에서 초록색 부분이 가장 넓을 것이라고 예상한 경우
– 예상한 것이 맞았습니다. 초록색 부분의 넓이가 48 cm²로 가장 큽니다.

(1)에서 노란색 부분이 가장 넓을 것이라고 예상한 경우
– 예상이 틀렸습니다. 노란색 부분의 넓이가 가장 작고, 초록색 부분의 넓이가 가장 큽니다.

(1)에서 빨간색 부분이 가장 넓을 것이라고 예상한 경우
– 예상이 틀렸습니다. 빨간색 부분의 넓이는 두 번째로 크고 초록색 부분의 넓이가 가장 큽니다.

4 (1) 흰색 반원을 모으면 지름이 8 cm인 원이 됩니다.

⇨ (색칠한 부분의 넓이)

$= $(직사각형의 넓이)$-$(원의 넓이)

$=(8 \times 8)-(4 \times 4 \times 3)$

$=64-48=16(cm^2)$

(2) 색칠한 부분은 반지름이 12 cm인 원의 $\frac{3}{4}$과 반지름이

6 cm인 반원입니다.

⇨ (색칠한 부분의 넓이)

$=\left(12 \times 12 \times 3 \times \frac{3}{4}\right)+\left(6 \times 6 \times 3 \times \frac{1}{2}\right)$

$=324+54=378(cm^2)$

130~131쪽

표현하기

스스로 정리

1 원의 지름에 대한 원주의 비율을 원주율이라고 하며 원주율은 원의 크기에 관계없이 일정합니다.

(원주율)$=$(원주)$\div$(지름)

원주율은 소수로 나타내면 3.14……와 같이 끝없이 이어집니다.

원주율은 필요에 따라 3, 3.1, 3.14 등으로 어림하여 사용하기도 합니다.

2 (원주)$=$(지름)$\times$(원주율)

(원의 넓이)$=$(반지름)$\times$(반지름)$\times$(원주율)

개념 연결

단위넓이	한 변의 길이가 1 cm인 정사각형의 넓이 1 cm^{2}를 단위넓이라고 합니다. 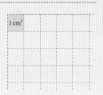
직사각형의 넓이	직사각형의 가로와 세로를 각각 1 cm 단위로 자르면 직사각형 안에 들어가는 단위넓이 1 cm^{2}의 개수를 세어 그 넓이를 구할 수 있습니다. 이때 단위넓이의 개수는 가로의 개수를 세로의 개수만큼 더하는 것이므로 그 넓이는 (가로)$\times$(세로)로 구할 수 있습니다.

---

1 그림과 같이 원을 한없이 잘라서 붙이면 직사각형 모양이 되지. 그럼 원의 넓이는 이 직사각형의 넓이와 같다고 볼 수 있으니까 직사각형의 넓이를 구하는 공식으로 원의 넓이를 구할 수 있어.

(원의 넓이)$=$(원주)$\times\frac{1}{2}\times$(반지름)

$=$(지름)$\times$(원주율)$\times\frac{1}{2}\times$(반지름)

$=$(반지름)$\times$(반지름)$\times$(원주율)

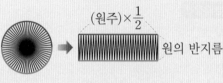

선생님 놀이

1 15대 / 해설 참조

2 942 m^2 / 해설 참조

---

1 대관람차의 지름은 30 m이고 원주율이 3이므로 둘레는 $30 \times 3=90$(m)입니다. 곤돌라의 간격이 6 m이므로 대관람차에는 $90 \div 6=15$(대)의 곤돌라가 있습니다.

2 꽃밭의 아랫부분은 반지름이 20 m인 반원이므로 그 넓이는 $\frac{1}{2} \times 20 \times 20 \times 3.14=628(m^2)$입니다. 꽃밭의 윗부분의 두 반원을 합치면 반지름이 10 m인 원이 되므로 그 넓이는 $10 \times 10 \times 3.14=314(m^2)$입니다. 따라서 꽃밭 전체의 넓이는 $628+314=942(m^2)$입니다.

단원평가 기본

132~133쪽

1 원주, 원주율

2 (위에서부터) 3, 3.1, 3.14, 3.142

3 하늘 / 원주는 원의 크기에 따라 달라져.

4 40 cm

5 $>$

6 200.96 cm^2

7 산

8 192 cm^2

9 36 cm

10 108.5 cm

11 1875 cm^2

12 162 cm^2

4 원주가 124 cm인 원을 만들었습니다.
(지름)=(원주)÷(원주율)이므로 124÷3.1=40(cm)입니다.

5 반지름이 15 cm인 원의 원주는 15×2×3.1=93(cm)이므로, 원주가 86.8 cm인 원보다 원주가 더 큽니다.

6 원의 넓이는 (반지름)×(반지름)×(원주율)이므로 8×8×3.14=200.96(cm²)입니다.

7 원의 넓이는 바깥에서 만나는 정육각형보다는 작고 안에서 만나는 정육각형보다는 큽니다. 이때 원 바깥에서 만나는 정육각형의 넓이는 삼각형 ㄱㅇㄷ의 6배이므로 20×6=120(cm²)이고 원 안쪽에서 만나는 정육각형의 넓이는 삼각형 ㄹㅇㅂ의 6배이므로 15×6=90(cm²)입니다. 따라서 원의 넓이의 범위는 90 cm²<(원의 넓이)<120 cm²입니다.
원의 넓이를 알맞게 어림한 사람은 100 cm² 정도라고 말한 산이입니다.

8 직사각형 안에 그릴 수 있는 가장 큰 원의 지름을 구하고, 그 원의 넓이를 구합니다. 직사각형 안에 그릴 수 있는 가장 큰 원은 지름이 16 cm인 원이므로 넓이는 8×8×3=192(cm²)입니다.

9 작은 원의 지름은 36÷3=12(cm)이고 작은 원의 지름은 큰 원의 반지름과 같습니다. 따라서 큰 원의 지름은 12×2=24(cm)입니다.
작은 원의 지름과 큰 원의 지름의 합은 12+24=36(cm)입니다.

10 지름이 35 cm이므로 유리 접시의 둘레는 35×3.1=108.5(cm)입니다.

11 반지름이 25 cm이므로 원 모양 피자의 넓이는 25×25×3=1875(cm²)입니다.

12 흰 부분을 모으면 반지름이 3 cm인 원 3개의 넓이와 같습니다. 따라서 색칠한 부분의 넓이는
(반지름이 9 cm인 원의 넓이)−(반지름이 3 cm인 원의 넓이)×3
=(9×9×3)−(3×3×3×3)
=243−81=162(cm²)

단원평가 심화　　　　　　　　　　134~135쪽

1 27.9 m
2 54번
3 337.5 cm²
4 232 m²
5 산: 400 m, 바다: 406 m, 강: 412 m, 하늘: 418 m
6 46.5 cm

---

1 놀이 기구가 6바퀴 돌아 이동한 거리는 놀이 기구의 원주의 6배입니다.
바깥쪽 원의 지름이 150 cm이므로, 이동한 거리는
150×3.1×6=2790(cm)이고
2790 cm=27.9 m입니다.

2 휠체어 뒷바퀴가 한 바퀴 돌 때 이동한 거리는
60×3.1=186(cm)입니다.
100 m를 밀고 가려면 한 바퀴 돌 때 이동 거리가
186 cm=1.86 m이므로
100÷1.86=53.7……(바퀴)입니다. 따라서 휠체어 뒷바퀴는 54번을 회전해야 100 m를 갈 수 있습니다.

3 직사각형에서 오려 낸 원의 반지름을 알아봅니다.
가장 큰 원의 지름은 30 cm입니다. 두 번째 큰 원의 지름은 가로 50 cm에서 30 cm 원을 오려 내고 남은 부분이므로 20 cm입니다. 작은 원 2개의 지름은 10 cm입니다.
따라서 직사각형에서 원을 오려 내고 남은 부분의 넓이는
(50×30)−(15×15×3.1)−(10×10×3.1)−(5×5×3.1)×2=1500−697.5−310−155=337.5(cm²)입니다.

4 무늬를 아래와 같이 번호를 붙여 구분하면 그림을 쉽게 이해할 수 있습니다.

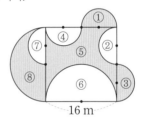

16 m

그림에서 ①을 ④로 옮기고, ③은 ②로 옮기고, ⑧과 ⑦은 ⑥으로 옮기면 색칠한 부분의 넓이를 쉽게 구할 수 있습니다.

16 m

색칠한 부분의 넓이는 정사각형의 넓이에서 가장 작은 반원의 넓이를 빼서 구합니다. 가장 작은 반원의 지름은 8 m이므로, 반지름은 4 m입니다.
색칠한 부분의 넓이는 (16×16)−(4×4×3÷2)=256−24=232(m²)입니다.

5 직선 구간의 길이는 모두 80 m로 같습니다. 곡선 구간이 다른데, 곡선 구간은 반원이므로 양쪽 곡선 구간을 합치면 원이 됩니다. 그러므로 산이는 반지름이 40 m인 원, 바다는 반지름이 41 m인 원, 강이는 반지름이 42 m인 원, 하늘이는 반지름이 43 m인 원의 원주를 따라 달리게 됩니다.

(산이가 달린 거리)$=(80 \times 2)+(40 \times 2 \times 3)$
$\qquad\qquad\qquad = 160+240=400$(m)

(바다가 달린 거리)$=80 \times 2+41 \times 2 \times 3$
$\qquad\qquad\qquad = 160+246=406$(m)

(강이가 달린 거리)$=80 \times 2+42 \times 2 \times 3$
$\qquad\qquad\qquad = 160+252=412$(m)

(하늘이가 달린 거리)$=80 \times 2+43 \times 2 \times 3$
$\qquad\qquad\qquad = 160+258=418$(m)

6 그림을 자세히 살펴보면 원의 $\frac{1}{4}$을 반지름이 겹치게 하여 원주끼리 이어 붙인 것임을 알 수 있습니다. 그림과 같이 반지름의 크기에 따라 원의 $\frac{1}{4}$ 부분에 각각 번호를 붙입니다.

①은 반지름이 16 cm인 원의 $\frac{1}{4}$, ②는 반지름이 8 cm인 원의 $\frac{1}{4}$, ③은 반지름이 4 cm인 원의 $\frac{1}{4}$, ④는 반지름이 2 cm인 원의 $\frac{1}{4}$, ⑤는 반지름이 1 cm인 원의 $\frac{1}{4}$입니다.

철사의 길이는 원주의 $\frac{1}{4}$이므로, 각각의 원주의 $\frac{1}{4}$을 구하여 더합니다.

$\left(16 \times 2 \times 3 \times \frac{1}{4}\right)+\left(8 \times 2 \times 3 \times \frac{1}{4}\right)+\left(4 \times 2 \times 3 \times \frac{1}{4}\right)$
$+\left(2 \times 2 \times 3 \times \frac{1}{4}\right)+\left(1 \times 2 \times 3 \times \frac{1}{4}\right)=24+12+6$
$+3+1.5=46.5$(cm)

따라서 바다가 사용한 철사의 길이는 46.5 cm입니다.

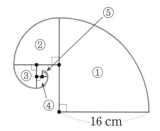

138~139쪽

6단원 원기둥, 원뿔, 구

기억하기

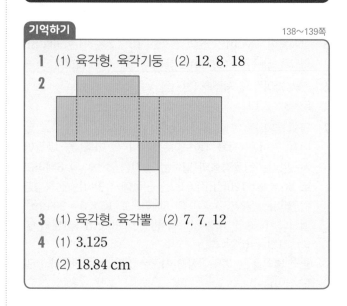

1 (1) 육각형, 육각기둥 (2) 12, 8, 18

2

3 (1) 육각형, 육각뿔 (2) 7, 7, 12

4 (1) 3.125
　　(2) 18.84 cm

4 (1) (원주율)$=$(원주)$\div$(지름)$=12.5 \div 4=3.125$
　(2) (원주)$=$(지름)$\times$(원주율)$=6 \times 3.14=18.84$(cm)

생각열기 ① 140~141쪽

1 (1) 해설 참조
　(2) 해설 참조
　(3) 해설 참조

1 (1) 예시1 − 밑면이 원인 도형과 밑면이 다각형인 도형
　　예시2 − 밑면이 있는 도형과 밑면이 없는 도형
　　예시3 − 밑면이 원인 도형과 밑면이 원이 아닌 도형
　　예시4 − 밑면이 2개인 도형과 밑면이 하나인 도형
　　예시5 − 옆면이 있는 도형과 옆면이 없는 도형
　　예시6 − 옆면이 사각형인 도형과 사각형이 아닌 도형
　　예시7 − 옆면이 사각형인 도형과 삼각형인 도형
　　예시8 − 각기둥인 도형과 아닌 도형
　　예시9 − 각뿔인 도형과 아닌 도형
　　예시10 − 원기둥인 도형과 아닌 도형
　　예시11 − 원뿔인 도형과 아닌 도형
　　예시12 − 기둥인 도형과 아닌 도형
　　예시13 − 뿔인 도형과 아닌 도형
　　예시14 − 구인 도형과 아닌 도형
　　예시15 − 굴릴 수 있는 도형과 굴릴 수 없는 도형
　　예시16 − 꼭짓점이 있는 도형과 없는 도형
　　예시17 − 꼭짓점이 하나인 도형과 하나가 아닌 도형
　　예시18 − 보는 방향에 따라 원 모양을 볼 수 있는 도형과 원 모양을 볼 수 없는 도형
　　예시19 − 밑면이 0개, 1개, 2개인 도형
　　예시20 − 꼭짓점이 0개, 1개, 2개 이상인 도형

(2)

기준	예시1 – 밑면이 원인 도형과 밑면이 다각형인 도형	
물건	밑면이 원인 도형	밑면이 다각형인 도형
	⑤⑥⑦⑧⑩⑫	①③④⑨

기준	예시2 – 밑면이 있는 도형과 밑면이 없는 도형	
물건	밑면이 있는 도형	밑면이 없는 도형
	①③④⑤⑥⑦⑧⑨⑩⑫	②⑪

기준	예시3 – 밑면이 원인 도형과 밑면이 원이 아닌 도형	
물건	밑면이 원인 도형	밑면이 원이 아닌 도형
	⑤⑥⑦⑧⑩⑫	①③④⑨

기준	예시4 – 밑면이 2개인 도형과 밑면이 하나인 도형	
물건	밑면이 2개인 도형	밑면이 하나인 도형
	①③④⑤⑥⑧⑩	⑦⑨⑫

기준	예시5 – 옆면이 있는 도형과 옆면이 없는 도형	
물건	옆면이 있는 도형	옆면이 없는 도형
	①③④⑤⑥⑦⑧⑨⑩⑫	②⑪

기준	예시6 – 옆면이 사각형인 도형과 사각형이 아닌 도형	
물건	옆면이 사각형인 도형	옆면이 사각형이 아닌 도형
	①③④⑤⑥⑩	⑦⑧⑨⑫

기준	예시7 – 옆면이 사각형인 도형과 삼각형인 도형	
물건	옆면이 사각형인 도형	옆면이 삼각형인 도형
	①③④⑤⑥⑩	⑨

⑦, ⑫는 보는 방향에 따라 삼각형으로 보일 뿐 옆면의 모양이 삼각형은 아닙니다.

기준	예시8 – 각기둥인 도형과 아닌 도형	
물건	각기둥인 도형	각기둥이 아닌 도형
	①③④	②⑤⑥⑦⑧⑨⑩⑪⑫

기준	예시9 – 각뿔인 도형과 아닌 도형	
물건	각뿔인 도형	각뿔이 아닌 도형
	⑨	①②③④⑤⑥⑦⑧⑩⑪⑫

기준	예시10 – 원기둥인 도형과 아닌 도형	
물건	원기둥인 도형	원기둥이 아닌 도형
	⑤⑥⑩	①②③④⑦⑧⑨⑪⑫

기준	예시11 – 원뿔인 도형과 아닌 도형	
물건	원뿔인 도형	원뿔이 아닌 도형
	⑦⑫	①②③④⑤⑥⑧⑨⑩⑪

기준	예시12 – 기둥인 도형과 아닌 도형	
물건	기둥인 도형	기둥이 아닌 도형
	①③④⑤⑥⑩	②⑦⑧⑨⑪⑫

기준	예시13 – 뿔인 도형과 아닌 도형	
물건	뿔인 도형	뿔이 아닌 도형
	⑦⑨⑫	①②③④⑤⑥⑧⑩⑪

기준	예시14 – 구인 도형과 아닌 도형	
물건	구인 도형	구가 아닌 도형
	②⑪	①③④⑤⑥⑦⑧⑨⑩⑫

기준	예시15 – 굴릴 수 있는 도형과 굴릴 수 없는 도형	
물건	굴릴 수 있는 도형	굴릴 수 없는 도형
	②⑤⑥⑦⑧⑩⑪⑫	①③④⑨

기준	예시16 – 꼭짓점이 있는 도형과 없는 도형	
물건	꼭짓점이 있는 도형	꼭짓점이 없는 도형
	①③④⑦⑨⑫	②⑤⑥⑧⑩⑪

기준	예시17 – 꼭짓점이 하나인 도형과 하나가 아닌 도형	
물건	꼭짓점이 하나인 도형	꼭짓점이 하나가 아닌 도형
	⑦⑫	①②③④⑤⑥⑧⑨⑩⑪

기준	예시18 – 보는 방향에 따라 원 모양을 볼 수 있는 도형과 원 모양을 볼 수 없는 도형	
물건	원 모양을 볼 수 있는 도형	원 모양을 볼 수 없는 도형
	②⑤⑥⑦⑧⑩⑪⑫	①③④⑨

(3)

기준	예시19 – 밑면 0개, 1개, 2개인 도형		
물건	밑면 0개	밑면 1개	밑면 2개
	②⑪	⑦⑨⑫	①③④⑤⑥⑧⑩

기준	예시20 – 꼭짓점이 0개, 1개, 2개 이상인 도형		
물건	꼭짓점 0개	꼭짓점 1개	꼭짓점 2개이상
	②⑤⑥⑧⑩⑪	⑦⑫	①③④⑨

선생님의 참견

우리 주변에 있는 여러 가지 물건을 다양한 기준에 따라 분류해 보세요. 지금까지 배웠던 직육면체, 정육면체, 각기둥, 각뿔뿐만 아니라 새로운 모양의 물건도 관찰하여 분류해 보세요.

개념활용 ❶-1

1 해설 참조

2 나, 바

3 ㉠ 밑면 ㉡ 옆면 ㉢ 높이

4 다

5 (1) 7 cm
   (2) 10 cm

1 예

공통점	차이점
• 밑면이 있고 밑면끼리 모양이 같습니다. • 밑면이 평행합니다. • 옆면이 있습니다. • 옆에서 본 모양은 직사각형입니다. • 높이가 있습니다. • 기둥 모양입니다.	• 옆면의 수가 다릅니다. • 가는 꼭지점과 모서리가 없고, 나는 꼭지점과 모서리가 있습니다. • 가는 밑면이 원이고 나는 밑면이 다각형입니다. • 이름이 다릅니다.

4 가   나

 다  라

개념활용 ❶-2

1 해설 참조

2 가, 라

3 ㉠ 모선 ㉡ 밑면 ㉢ 원뿔의 꼭짓점
   ㉣ 높이 ㉤ 옆면

4 가: 원뿔의 모선의 길이를 재는 방법입니다.
   나: 원뿔의 높이를 재는 방법입니다.

5 가 / ㉠ 4 ㉡ 3

1 예

공통점	차이점
• 밑면이 있습니다. • 옆에서 본 모양이 삼각형입니다. • 높이가 있습니다. • 뿔 모양입니다.	• 옆면의 모양이 다릅니다. • 옆면의 수가 다릅니다. • 가에는 모선이 있고, 나에는 모서리가 있습니다. • 가는 밑면이 원이고, 나는 밑면이 다각형입니다. • 가는 원뿔이고 나는 각뿔입니다.

5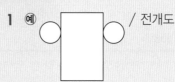

밑면의 지름과 높이가 빈칸인 도형을 보면, 밑면의 지름이 높이보다 조금 더 길다는 것을 알 수 있습니다. 따라서 가를 돌려서 만든 것이라고 추측할 수 있습니다.

생각열기 ❷

1 예 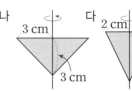 / 전개도

2 (1)〜(3) 해설 참조

3 (1) 예

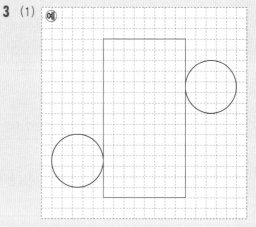

(2) 직사각형

(3) 예 8 cm, 15 cm / 방법 원의 지름이 5 cm 이므로 원주율이 3일 때 원주와 옆면의 세로의 길이는 15 cm, 가로의 길이는 8 cm입니다.

2 (1)

밑면의 원주와 옆면의 가로 길이가 같아야 합니다.

(2)

옆면이 직사각형이어야 합니다.

(3)

밑면이 합동이어야 합니다.

3 (1), (3)

다른 예

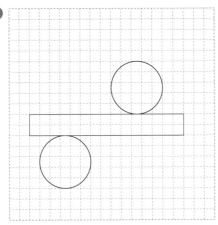

방법 원이 지름이 5 cm이므로 원주율이 3일 때 원주와 옆면의 가로의 길이는 15 cm, 세로의 길이는 2 cm입니다. 이 외에도 다양한 경우가 있습니다.

선생님의 참견

원기둥의 전개도를 추측하여 그릴 수 있어야 해요. 전개도를 그릴 때 가장 중요한 것은 원기둥의 밑면의 둘레와 옆면의 길이 사이의 관계를 알아내는 것이에요.

개념활용 ❷-1   148~149쪽

1 해설 참조
2 가, 나
3 ㉠ 밑면 ㉡ 높이 ㉢ 옆면
4 아닙니다에 ○표 / 해설 참조
5 ㉠ 5 ㉡ 10 ㉢ 31.4
6 해설 참조

1

4 이유 예 – 옆면이 직사각형이 아닙니다.
　　　　 – 원주와 옆면의 가로 길이가 다릅니다.

6

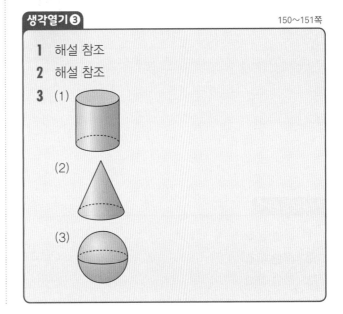

생각열기 ❸   150~151쪽

1 해설 참조
2 해설 참조
3 (1)

(2)

(3)

1 (예)

공통점	• 도형에서 원의 모양을 찾을 수 있습니다.		
	• 도형을 잘라 생긴 단면 중에 원이 있습니다.		
	• 회전하여 만들 수 있습니다.		
	• 굴리면 굴러갑니다.		
차이점	• 기둥 모양	• 뿔 모양	• 공 모양
	• 밑면 2개	• 밑면 1개	• 밑면 0개
	• 옆에서 본 모양이 사각형	• 옆에서 본 모양이 삼각형	• 옆에서 본 모양이 원
	• 뾰족한 부분 없음	• 뾰족한 부분 있음	• 뾰족한 부분 없음

2 (예) • 는 밑면, 옆면이 없습니다.

• 는 모서리와 꼭짓점이 없습니다.

• 는 평평한 부분이 없습니다.

• 는 각을 잴 수 있는 부분이 없습니다.

• 는 보는 방향을 바꾸어도 항상 원 모양으로 보입니다.

• 각기둥과 각뿔은 밑면의 모양에 따라 여러 가지 모양을 가질 수 있지만, 는 크기만 다를 뿐 다른 모양을 가질 수 없습니다.

> **선생님의 참견**
>
> 공 모양의 여러 가지 특징을 정리해 보세요. 공 모양과 비슷한 입체도형은 원기둥과 원뿔인데, 공 모양이 원기둥이나 원뿔과 다른 점을 정리해 보세요.

1

입체도형	위에서 본 모양	앞에서 본 모양	옆에서 본 모양
구	원	원	원
원기둥	원	사각형	사각형
원뿔	원	삼각형	삼각형

2 (공통점)

구, 원기둥, 원뿔 모두 위에서 본 모양이 원 모양입니다.

(차이점)

(예) – 구는 보는 방향에 관계없이 항상 원 모양으로 보입니다.

– 원기둥은 앞이나 옆에서 본 모양이 직사각형입니다.

– 원뿔은 앞이나 옆에서 본 모양이 삼각형입니다.

– 구는 어디에서 보든지 원 모양이지만, 원기둥과 원뿔은 보는 방향에 따라 모양이 달라집니다.

3 (예)

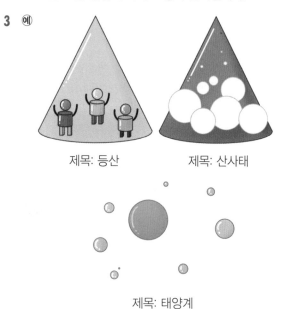

제목: 등산   제목: 산사태

제목: 태양계

개념활용 ❸-1 152~153쪽

1 해설 참조

2 해설 참조

3 해설 참조

154~155쪽

스스로 정리

각 부분의 이름

원기둥:

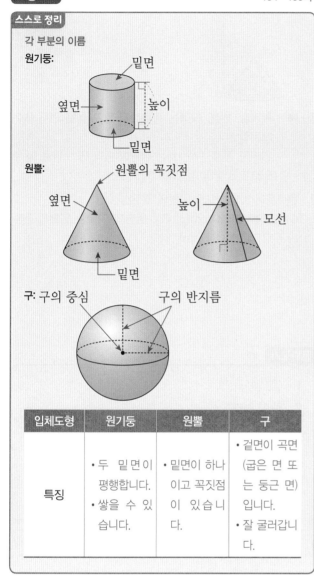

원뿔:

구: 구의 중심 / 구의 반지름

입체도형	원기둥	원뿔	구
특징	• 두 밑면이 평행합니다. • 쌓을 수 있습니다.	• 밑면이 하나이고 꼭짓점이 있습니다.	• 겉면이 곡면(굽은 면 또는 둥근 면)입니다. • 잘 굴러갑니다.

개념 연결

각기둥의 전개도 그리기

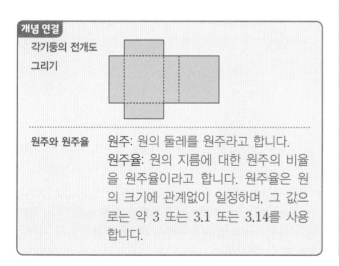

원주와 원주율   원주: 원의 둘레를 원주라고 합니다.
원주율: 원의 지름에 대한 원주의 비율을 원주율이라고 합니다. 원주율은 원의 크기에 관계없이 일정하며, 그 값으로는 약 3 또는 3.1 또는 3.14를 사용합니다.

1 원기둥의 전개도

각기둥의 모서리를 잘라서 전개도를 그리는 방법과 비슷하게 원기둥도 전개도를 그릴 수 있어. 우선 밑면의 둘레를 자른 다음 두 밑면에 수직인 선분을 따라서 잘라 펼치면 그림과 같은 전개도를 그릴 수 있어.

선생님 놀이

1   틀립니다에 ○표 / 해설 참조
    틀립니다에 ○표 / 해설 참조

2
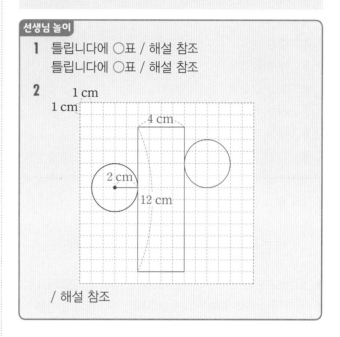

/ 해설 참조

1   바다 원뿔은 뾰족한 꼭짓점이 한 개 있지만 구에는 뾰족한 부분이 없기 때문입니다.

강 구는 어떤 방향에서 보아도 모양이 모두 원이지만 원기둥이나 원뿔은 보는 방향에 따라서 모양이 달라지기 때문입니다.

2   원기둥의 전개도는 반지름이 2 cm인 밑면인 원이 두 개이고, 그 사이에 옆면을 펼친 직사각형으로 그려집니다. 직사각형의 가로의 길이는 원기둥의 높이와 같이 4 cm이고, 직사각형의 세로의 길이는 밑면인 원의 둘레와 같으므로 $4 \times 3 = 12$(cm)입니다.

1 (1) 마
  (2) 라
  (3) 바
  (4) 해설 참조
  (5) 바

2 (1) ㉠ 높이 ㉡ 밑면 ㉢ 옆면
  (2) ㉠ 원뿔의 꼭짓점 ㉡ 높이 ㉢ 옆면
  (3) ㉠ 중심 ㉡ 반지름

3 ㉠, ㉢, ㉣

4 해설 참조

5 해설 참조

6 해설 참조

7 해설 참조

8 해설 참조

9 ㉠ 6 ㉡ 3 ㉢ 18.84

---

1 (4) 예 – 밑면의 크기가 다릅니다.
    – 옆에서 본 모양이 직사각형이 아닙니다.
    – 전개도에서 옆면이 직사각형이 아닙니다.
    – 옆면과 밑면이 수직이 아닙니다.

3 ㉡: 원기둥의 옆면은 평평한 면이 아닌 휘어진 면입니다.

4 예 – 각기둥의 밑면은 다각형이지만, 원기둥의 밑면은 원입니다.
    – 각기둥은 꼭짓점이 있지만, 원기둥은 꼭짓점이 없습니다.
    – 각기둥의 옆면은 평평하지만, 원기둥의 옆면은 굽은 면입니다.
    – 각기둥은 굴릴 수 없지만, 원기둥은 굴릴 수 있습니다.
    – 각기둥은 밑면의 모양에 따라 이름이 달라집니다.

5 – 원뿔의 옆면에는 모선이 있지만, 각뿔의 옆면에는 모서리가 있습니다.
    – 원뿔의 옆면은 삼각형이 아니지만 각뿔의 옆면은 삼각형입니다.
    – 원뿔의 옆면은 1개이지만, 각뿔의 옆면은 3개 이상입니다.
    – 각뿔은 밑면의 모양에 따라 이름이 달라집니다.

6

7 예
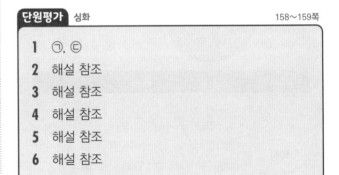

8 예 – 원기둥, 원뿔, 구에는 평평하지 않고 굽은 면이 있기 때문입니다.
    – 원기둥, 원뿔, 구는 보는 방향에 따라 원 모양을 볼 수 있으므로 굴릴 수 있습니다.

9 원주율이 3.14이므로 밑면의 원주는
  6×3.14=18.84(cm)입니다. 옆면의 가로는 밑면의 원주와 같으므로 18.84 cm입니다.

---

1 ㉠, ㉢

2 해설 참조

3 해설 참조

4 해설 참조

5 해설 참조

6 해설 참조

---

1 ㉡: 다음과 같은 도형은 밑면이 서로 평행하지만, 각기둥 또는 원기둥이 아닙니다.

  ㉣: 입체도형의 밑면이 원이라도 원뿔이 아닌 도형이 있습니다.

  모양과 원기둥도 밑면이 원이지만 원뿔이 아닙니다.

2 직사각형의 가로가 9.42 cm이고, 세로는 3.14 cm입니다. 직사각형의 가로가 원기둥의 밑면과 접할 수도 있고, 세로가 접할 수도 있습니다. 따라서 원기둥의 밑면은 두 가지가 나올 수 있습니다.

밑면의 원주가 9.42 cm인 경우 원의 지름은 3 cm입니다.

밑면의 원주가 3.14 cm인 경우 원의 지름은 1 cm입니다.

3 각기둥: 라면 상자, 휴지 상자, 두부 등
각뿔: 4면 모양의 주사위, 피라미드 모양의 장난감, 탑 모양
원기둥: 음료수 캔, 분유 통, 페인트 통 등
원뿔: 고깔, 아이스크림 콘, 생일 모자 등
구: 공, 구슬, 지구본 등

4 밑면에 수직으로 자른 모양:

밑면과 평행하게 자른 모양:

5 예시1 – 사각기둥(정육면체)을 축구공으로 합니다.

이유 모든 면이 평평하기 때문에 구르는 부분은 없습니다.
그러나, 정육면체라면 가로, 세로, 높이가 모두 같아
서 구처럼 균형이 잡혀 있습니다.

예시2 – 원기둥을 축구공으로 합니다.

이유 구는 사방에서 보아도 원의 모양이기 때문에 굴러갑
니다. 원기둥도 한 방향에서 보면 원 모양이기 때문에
옆면은 굴러갑니다. 구르는 부분이 있어서 축구공으
로 사용 가능합니다.

6

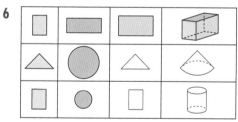

표의 첫 번째 줄에는 직육면체를 앞, 위, 옆(오른쪽)에서 본
모양이 순서대로 그려져 있습니다. 이를 통해 표의 첫 번째
칸은 입체도형을 앞에서 본 모양, 두 번째 칸은 입체도형을
위에서 본 모양, 세 번째 칸은 입체도형을 옆(오른쪽)에서
본 모양이 그려져있음을 알 수 있습니다. 두 번째 줄에 들
어갈 입체도형은 앞에서 본 모양이 삼각형이고 위에서 본
모양이 원이므로 원뿔이고 세 번째 줄에 들어갈 입체도형
은 앞에서 본 모양이 직사각형이고 위에서 본 모양이 원이
므로 원기둥입니다.

수학의 미래
초등 6-2

지은이 | 전국수학교사모임 미래수학교과서팀

초판 1쇄 인쇄일 2021년 7월 26일
초판 1쇄 발행일 2021년 8월 2일

발행인 | 한상준
편집 | 김민정 강탁준 손지원 송승민 최정휴
삽화 | 조경규 홍카툰
디자인 | 디자인비따 한서기획 김미숙
마케팅 | 주영상 정수림
관리 | 양은진

발행처 | 비아에듀(ViaEdu Publisher)
출판등록 | 제313-2007-218호
주소 | 서울시 마포구 월드컵북로6길 97 2층
전화 | 02-334-6123   **홈페이지** | viabook.kr
전자우편 | crm@viabook.kr

ⓒ 전국수학교사모임 미래수학교과서팀, 2021
ISBN 979-11-91019-20-9 64410
ISBN 979-11-91019-08-7 (전12권)